Gabriela S. Richard

Unser Akita

Ein Hund – zwei Gesichter

Gabriela S. Richard

Unser Akita

Ein Hund – zwei Gesichter

aton

Umschlag: H. Krebs, Berlin
Fotos Titelseite: Dave Kililea, Gabriela Richard,
Rückseite: Gabriela Richard, Gerhard Apel
Satz: Beate Pürner, 44319 Dortmund
Druck: Druck-Center Kamen GmbH, 59174 Kamen
Printed in Germany
ISBN 978-3-9809478-7-9

1. Auflage November 2009

Max-Planck-Straße 25, 59423 Unna
Telefon 0 23 03 / 8 67 45, Telefax 0 23 03 / 8 13 33
www.aton-verlag.de

In Gedenken an

Lutz Lammers
Mitbegründer und Ehrenpräsident des Akita Club e.V.

und

Doris Gehrmann
Akita Züchterin und Betreuerin des Akita Shops

Inhaltsverzeichnis

Vorwort 11

1 **Akita Inu und Amerikanischer Akita** 13
Herkunft und Entwicklung 13
Erscheinungsbild 16
Langhaar-Akita 17
Wesen 18
Körpersprache und Mimik 19
Verhaltensbesonderheiten 20
Rüde oder Hündin? 20
Sommer-Akita / Winter-Akita 21
Rappel 22
Hachiko 23
Nationales Denkmal 24

2 **Ernährung und Pflege** 25
Futter 25
Fressunlust 28
Gesundheit 30
Körperpflege 34

3 **Zucht** 39
Zuchtvoraussetzungen 40
Auswahl der Deckpartner 41
Farbvererbung 42
Vorbereitungen 44
Das Kennenlernen 44
Der Deckakt 45
Trächtigkeit 48
Untersuchungen 49
Fütterung während der Trächtigkeit 49
Bewegung während der Trächtigkeit 50
Vor der Geburt 51
Die Geburt 52

4 Aufzucht 57
Neugeborenenphase 57
3. und 4. Woche 60
5. und 6. Woche 62
7. und 8. Woche 65
Abgabe 67

5 Erziehung 69
Der Welpe 69
Halsband oder Geschirr 72
Alleinsein 73
Sozialisierung 74
Welpenschutz 76
Der Junghund 77
Bedrängen 78
Verteidigung von Ressourcen 79
Rückruftraining 80
Die Pubertät 81
Der erwachsene Akita 82
Der ältere Akita 84

6 Leben mit Akitas 85
Zuhause 85
In der Familie 85
Der Besuch 86
Der Futterplatz 88
Der Schlafplatz 88
Der Alltag 89
Mit Partner 89
Im Rudel 90
Mit anderen Haustieren 91
Mit Kindern 93
Beim Spaziergang 94
Mit oder ohne Leine 94
Beißereien 95
Im Restaurant 96
In der Stadt 97
Im Geschäft 98
Auf Reisen 98
Auf der Ausstellung 99
Am Arbeitsplatz 100

7 Der Akita in der Ausbildung 101
Welpenspielgruppe 102
Hundeschule 104
Hundewiese 107
Hundesport 109

8 Resümee nach 40 Jahren Akita-Erfahrung 111

Danksagungen 113

Buchempfehlungen 114

Zur Autorin 115

Bildnachweis 116

Stichwortverzeichnis 117

Vorwort

„Einmal Akita, immer Akita“! Dies gilt auch für uns.

Gabriela S. Richard beschreibt in diesem Buch anschaulich die zwei Gesichter des Akitas, sei es durch die Rassentrennung oder das Wesen. Verständlich erklärt sie dem Leser und der Leserin, dass der hübsche, treue und durchaus intelligente Schmusebär mit seinem Dickschädel nicht zu den einfach erziehenden Hunden gehört und warum bei Hundebegegnungen Konflikte entstehen können.

Der Kinofilm „Hachiko – Eine wunderbare Freundschaft“ (Filmstart Herbst 2009 mit Richard Gere), der einer wahren Begebenheit entspricht, wird die Popularität des Akitas möglicherweise anfachen. Mit diesem Buch ist der Autorin eine vorzügliche Pflichtlektüre für Akita-Faszinierte und Akita-Neulinge gelungen!

Mit unserer Hündin Inchiki aus der Zucht von Gabi Richard durften

wir bis anhin drei wundervolle Würfe aufziehen. Um den Welpen einen erfolgreichen Start ins Leben zu ermöglichen, sind wir jeweils bestrebt den neuen Welpenbesitzern möglichst alle guten Ratschläge für ihre Sprösslinge mit auf den Weg zu geben.

Was könnte es dazu Besseres geben, als ein Buch geschrieben von einer erfolgreichen Züchterin, Ausstellungsrichterin und Hundetrainerin, in dem sie ihre jahrelang gesammelten Erfahrungen mit der Rasse Akita weitergibt?

In diesem Werk wird alles von A wie Ausbildung über E wie Ernährung bis Z wie Zucht fachkundig dargelegt, z.B. „Wieso frisst mein Akita sein Futter nicht?“. Genau auf solche Fragen erhalten Sie einleuchtende und kompetente Antworten von einer der größten Akita Liebhaberinnen auf dieser Welt.

Natürlich kommen auch Nicht-Akita-Besitzer auf ihre Kosten und können die Tipps der seit Kindertagen mit Hunden verbundenen Autorin für ihre Rassen anwenden.

Rorbas (Schweiz), im Herbst 2009
Daniela und Roger von Mentlen

1 Akita Inu und Amerikanischer Akita

Herkunft und Entwicklung

Der Akita ist die größte der japanischen Spitzrassen. Er stammt aus dem Norden Japans und hat seinen Namen von der Präfektur Akita. Die ersten Spuren eines solchen Hundes stammen von Kreidezeichnungen, die etwa 5000 Jahre alt sind. Der Akita ist ein stolzer, würdevoller Hund, der seinen Besitzer oder seine Familie mit all seiner Kraft liebt, beschützt und verteidigt.

Ich bin mit zwei Akita Inus, Buko und Camilla, aufgewachsen, deren Eltern aus Japan kamen. Vom Typ her würden diese Hunde heute jedoch als amerikanische Akitas eingestuft. In den 90er Jahren hatte ich zwei Akitas, Chino und Antai, von denen ein Elternteil jeweils amerikanischer Herkunft war. Seit 1994 züchte ich den Akita Inu. Daher konnte ich die Entwicklung dieser beiden, phänotypisch heute sehr unterschiedlichen Rassen in den letzten vier Jahrzehnten recht gut verfolgen.

Buko und Camilla, 1973

Den Ursprung dieser unterschiedlichen Entwicklung nahm die Rasse bereits vor der Jahrhundertwende. Der Akita Inu, der größte der japanischen Spitze, der ursprünglich im Wesentlichen in den Farben rot und weiß zu finden war, und als sportlicher, flinker Jagdhund dem japanischen

Jäger bei der Bären- und Wildschweinjagd zur Seite stand, hatte sich bereits im 19. Jahrhundert unter dem Einfluss westlicher Rassen in Aussehen und Substanz wesentlich verändert. Dies wurde dadurch noch verstärkt, dass um die Jahrhundertwende der Akita mit dem Tosa Inu verpaart wurde, um ihn für Hundekämpfe zu verwenden.

Des Weiteren verpaarten während des 2. Weltkrieges einige Japaner ihre Akitas mit deutschen Schäferhunden, denn diese Hunde waren die einzigen, die in der großen Hungersnot und Kälte als Armeehunde am Leben bleiben durften. Alle anderen Hunde mussten an die Armee abgegeben werden. Sie wurden getötet, ihr Fleisch gegessen und die Felle zum Füttern von Wintermänteln verwendet.

Anfang des 20. Jahrhunderts gab es bereits Bestrebungen, auf den ursprünglichen Akita (unter anderem auch Ichinoseki-Linie genannt) zurück zu züchten. Auch weiß man, dass während des Krieges einige wenige Züchter ihre Hunde versteckt hielten, um mit ihnen die Zucht wieder aufzubauen. Parallel dazu entwickelte sich die Dewa-Linie, die durch westliche Rassen, besonders auch den Schäferhund und den Tosa Inu beeinflusst wurde.

Nach dem 2. Weltkrieg war in Japan im Wesentlichen die Dewa-Linie bekannt, die teilweise auch Kongo-Linie genannt wurde, nach einem besonders bekannten Vertreter dieser Rasse. Daher waren es auch vorwiegend solche Hunde, die in dieser Zeit exportiert, beziehungsweise von amerikanischen Soldaten nach dem Krieg mit nach Hause genommen wurden. Auch unser erster Rüde „Buko“ und unsere Hündin „Camilla“ stammten noch aus dieser Linie.

Amerikanischer Akita

In den USA wurde in den 70er Jahren das Zuchtbuch für viele Jahre für Importe geschlossen, so konnte sich der amerikanische Akita dort, unbeeinflusst von irgendwelchen Veränderungen im Ursprungsland, weiterentwickeln. Er wurde ein kräftiger, substanzvoller, häufig sogar fast massiger Hund, der praktisch in allen Farben erhältlich war und heute noch ist. Ähnlich war die Entwicklung auch in England, obwohl man dort auch gelegentlich neuere Importe aus Japan zu sehen bekam.

Akita Inu

Der japanische Akita wurde nach dem Krieg allmählich mit einer kleinen Anzahl von als ursprünglich bezeichneten Hunden auf die Farben rot, weiß, sesam (mit schwarzen Haarspitzen, denn Sesam ist in Japan schwarz) und gestromt zurückgezüchtet. Aus dieser Rückzüchtung hat sich ein großer, kräftiger, jedoch nicht massiger Hund entwickelt, der heute nur noch in den Farben rot, weiß, sesam und gestromt zu finden ist.

Nachdem sich die beiden Rassetypen über Jahrzehnte unbeeinflusst auseinander entwickelt hatten, beschloss die FCI die beiden Rassen zu trennen.

Im Jahre 2000 wurde dann aufgrund des deutlich unterschiedlichen Erscheinungsbildes die Rasse von der FCI gesplittet. Es wurde beschlossen, den Amerikanischen Akita als eigenständige Rasse in die FCI Gruppe 2 zu versetzen.

Diese Rassetrennung hat sich nicht nur in der FCI durchgesetzt, sondern wurde auch in England eingeführt. Auf der Cruft's Dog Show 2007 in Birmingham wurden die Hunde erstmalig auch getrennt gerichtet. Allerdings war mittlerweile der Amerikanische Akita in die FCI Gruppe 5 zurückversetzt worden.

BOB Tatami auf Cruft's Dog Show Birmingham 2007

Ein für mich großer Erfolg war, dass die Hündin Tatami, eine Tochter unseres Japan-Importrüden Koraiyumemaru Go und der

Hündin Natsume, bester Hund der Rasse (BOB) bei dieser bedeutenden Ausstellung wurde.

Leider hat sich aber diese Unterteilung in den USA, beim American Kennel Club, noch nicht durchgesetzt. Jedoch ist man zuversichtlich, dass es in den nächsten Jahren auch dort soweit sein wird, zumal diese beiden Rassetypen sich mittlerweile ganz deutlich unterscheiden.

Erscheinungsbild

Worin unterscheiden sich nun die beiden Akitas heute? Sicherlich im äußeren Erscheinungsbild, denn der Amerikaner ist meist größer, er hat mehr Substanz und Knochenstärke, seine Kopfform ist etwas gröber und man kann ihn in einer Vielzahl von Farben finden.

Amerikanischer Akita

Akita Inu

Der Japaner hingegen wirkt häufig etwas drahtiger und sportlicher. Selten findet man bei ihm lose Haut oder Wamme. Die Kopfform ist eleganter. Die Winkelungen in Vorder- und Hinterhand sind häufig weniger ausgeprägt und seine Farben sind auf rot, gestromt, sesam und weiß beschränkt.

Langhaar-Akita

Bei beiden Rassen gibt es auch den Langhaar-Akita. Wenn beide Elternteile das Langhaar-Gen tragen, liegt die Wahrscheinlichkeit bei 50 %, dass die Nachkommen selbst Träger sind und bei 25 %, dass Langhaar-Welpen entstehen. Wie beim Langhaar-Schäferhund hat dieser Akita ein längeres Haarkleid, wobei die Felllänge von Akita zu Akita unterschiedlich ist. An einigen Stellen ist es besonders lang, z.B. an den Ohren, der Hinterseite der Läufe und an der Rute. Dieser Akita sieht vom Erscheinungsbild oft besonders interessant aus, doch sollte man wissen, dass die Fellpflege aufwendiger ist und dass diese Hunde von der Zucht ausgeschlossen sind.

Für Leute, die jedoch schon früher einen langhaarigen Hund besaßen und keine Zuchtabsichten haben, ist dieser Hund sicher eine sehr gute Alternative, da er durch sein üppiges Haarkleid ganz besonders attraktiv wirkt.

Ganz gleich, ob man einen Amerikanischen Akita oder einen Akita Inu besitzt, einen normalhaarigen oder einen langhaarigen, man wird immer mit seinem Hund auf der Straße auffallen. Besonders wenn sie gut erzogen und freundlich sind, hinterlassen sie, aufgrund ihrer interessanten und imposanten Erscheinung einen positiven, bleibenden Eindruck bei vielen Menschen.

Wesen

Im Wesen unterscheiden sich diese beiden eng verwandten Rassen nur wenig. Beide haben sie ihren eigenen Kopf, den sie versuchen durchzusetzen. Keiner wiederholt gerne Übungen, die er gut beherrscht. Sie sind sowohl als Einzelhund als auch im Rudel gut zu halten. Sie schließen sich einem einzelnen Besitzer, aber auch einer kleinen oder großen Familie, mit oder ohne Kinder an. Sie sind gerne draußen oder im Haus und benötigen viel Zuwendung und Bewegung.

Beide Rassen sind im normalen Alltag eher ruhig und gelassen und beide haben eine mehr oder weniger ausgeprägte Jagdleidenschaft. Sie bellen wenig, spielen aber häufig sehr geräuschvoll.

Sie arbeiten gerne, ob in Fährten- oder Rettungsarbeit, ob bei der Überwindung von Hindernissen oder bei der Suche von versteckten Leckerlis, sie stehen jeder neuen Aufgabe neugierig und willig gegenüber. Auch für die Arbeit mit Senioren oder behinderten Menschen sind sie sehr gut geeignet. Durch ihr ruhiges und freundliches Auftreten werden sie gerne von jedermann angefasst und gestreichelt.

Gelegentlich sind die Amerikaner noch ein wenig gutmütiger und gelassener, wohingegen manche Japaner etwas aktiver wirken.

Körpersprache und Mimik

Es gibt gewisse Signale, die bei den meisten Hunden gleich sind. Herumhüpfen, wild mit dem Schwanz wedeln bedeutet Freude. Der Akita kann zudem noch seine Ohren seitlich anlegen, so dass es wie ein Lächeln wirkt. Meine Hündin Jupi kann in solchen Situationen auch noch ihre Nase kraus ziehen, so dass sie wirklich zu grinsen scheint.

Auch ein leichtes Knurren – bitte halte Abstand - oder ein Hochziehen der Lefzen – das ist meine Beute - findet man in anderen Rassen wieder.

Anders ist es manchmal bei Hundebegegnungen. Der Laie wird die kleinen Feinheiten der Körpersprache des Akitas kaum wahrnehmen, da sie häufig nur aus ganz minimalen Gesten bestehen.

Der Akita starrt den anderen Hund an, um ihm zu signalisieren, dass er nicht näher kommen soll. Gleichzeitig bekommt er eine Bürste, d.h. dass sich die Deckhaare entlang der Wirbelsäule senkrecht aufstellen. Der ganze Hund scheint zu erstarren. Manchmal sieht man auch, dass der Akita dann noch leicht verhalten die Rute hin und her bewegt.

Für Laien erscheint dieses Verhalten nicht unbedingt unfreundlich. Manche vermuten aufgrund der Rutenbewegung sogar eine freundliche Haltung und einen ruhigen gehorsamen Hund.

Das kann sich aber schnell ändern. Sollte der andere Hund die Signale des Akitas nicht erkennen, missverstehen oder ignorieren, kann aus dem ruhigen, gehorsamen und anscheinend freundlichen Hund eine Rakete werden, die den anderen Hund blitzschnell in seine Schranken weist.

Viele sind überrascht, weil sie

die Signale nicht richtig gedeutet haben. Mir wurde auch schon einmal von einem anderen Hundebesitzer gesagt, dass der Akita falsch wäre.

Das kann ich nicht bestätigen. Was kann der Hund dafür, dass die anderen seine Sprache nicht verstehen. Leider gibt es mittlerweile immer mehr Hunderassen, die diese Körpersprache selbst nicht mehr beherrschen und sie auch nicht mehr verstehen.

Verhaltensbesonderheiten

■ Rüde oder Hündin?

Bei der Auswahl eines Akitas stellt sich immer wieder die Frage, ob man einen Rüden oder eine Hündin wählt. Die Hündin wird ein bis zwei Mal im Jahr läufig. In dieser Zeit hat man eventuell die Nachbarrüden vor der Haustüre und muss die Blutstropfen im Haus entfernen, außerdem sind einige Hündinnen in dieser Zeit etwas phlegmatisch und wollen nicht fressen oder spazieren gehen.

Hündin

Andererseits gibt es Höschen für die läufige Hündin, die mit leicht auswechselbaren Einlagen, die Blutung fast unsichtbar macht. Nicht alle Hündinnen sind phlegmatisch während der Läufigkeit und sie sind in den meisten Fällen leichter erziehbar als die Rüden. Sie sind meist stärker auf die Familie und auf Leckerli orientiert und sind an Auseinandersetzungen weniger interessiert als Rüden.

Der Rüde wird zwar nicht läufig, durchlebt aber manche Läufigkeit der Nachbarhündin mit großen Qualen. Er frisst nicht mehr und möchte nur noch vor der Haustür der angebeteten Hündin liegen. Er verunreinigt zwar nicht das Haus mit Blut, aber es kann passieren, dass er versucht jede Ecke zu markieren, damit die anderen Rüden wissen, dass dies sein Revier ist.

Besonders in der Pubertät legt er sich häufiger mit anderen Rüden an

Rüde

als eine Hündin mit anderen Hündinnen. Außerdem sind viele Rüden mehr an dem Geschehen um sie herum interessiert als an dem Leckerli oder dem Spielzeug in der Hand des Besitzers.

Wer noch nie einen Hund hatte oder sich in der Erziehung für nicht so konsequent hält, sollte, wenn er sich für einen Akita entscheidet, wohl eher eine Hündin wählen.

■ Sommer-Akita / Winter-Akita

Manche Akita-Besitzer, die ihren Hund im Winter zu sich genommen haben, wundern sich, wie ruhig und phlegmatisch der Hund im Sommer ist und vermuten daraufhin vielleicht eine Erkrankung. Einige Tierärzte haben in solchen Fällen auch schon auf Herzprobleme getippt. Dies ist aber nur selten der Fall.

Der Sommer-Akita döst gerne in der prallen Sonne oder im kühlen Schatten, draußen auf der Terrasse oder drinnen im kühlen Flur vor sich hin und lässt sich ungern oder selten tagsüber zu einem langen Spaziergang überreden. Wenn er spazieren geht, dann in gemütlichem Trott und möglichst nicht zu lange, weil es ihm einfach zu warm ist.

Der Winter-Akita fiebert jedem Spaziergang zu jeder Tageszeit entgegen. Er bewegt sich viel und schnell, gerne auch stundenlang und tobt auch gerne mit Spielgefährten oder Artgenossen. Bereits im Alter von 6 Wochen können unsere Welpen vom Schnee nicht genug bekommen und kommen erst wieder ins Haus, wenn das Futter lockt oder sie wirklich frieren.

Woran das liegt wird deutlich, wenn man sich an die Herkunft des Hundes erinnert. Er stammt aus dem Norden Japans, wo ein raues Klima herrscht und im Winter viel Schnee liegt. Somit ist der Akita fellmäßig für kaltes Wetter bestens ausgestattet. Wenn es jedoch wärmer wird, fährt er seine Aktivitäten einfach zurück und wirkt manchmal richtig phlegmatisch.

Daher gehen wir im Sommer bzw. wenn es heiß ist, grundsätzlich frühmorgens und spätabends mit unseren Hunden spazieren und drehen mittags nur eine kleine Runde.

■ Rappel

Besonders in der Winterzeit bekommt der Akita gelegentlich seine „dollen fünf Minuten“ oder auch einen Rappel. Plötzlich rast er los, um Bäume oder Möbel herum, Haken schlagend, Angriffe vortäuschend, sich um seine eigene Achse drehend, über den Rücken rollend etc. mit oder auch ohne Partner. Im Laufen reißt er Äste ab, Tischdecken herunter, sammelt Spielsachen oder Blätter mit dem Maul auf und wirft sie durch die Luft.

Nach etwa fünf Minuten steht er auf, schüttelt sich und geht ruhig und zufrieden zu seinem Liegeplatz zurück. Nein, Ihr Hund ist nicht verrückt geworden. Er fühlt sich einfach nur pudelwohl und musste etwas Energie loswerden.

Hachiko

Der berühmteste Akita in Japan ist Hachiko. Dieser Hund kam im Welpenalter zu einem Professor, der an der Universität in Tokio lehrte. Jeden Tag begleitete Hachiko sein Herrchen morgens zum Bahnhof und holte ihn abends dort ab.

Eines Tages erlitt Professor Ueno während einer seiner Vorlesungen einen Herzinfarkt und starb. Hachiko wartete am Bahnhof vergeblich auf ihn. Obwohl seine Familie versuchte, ihm den Tod seines Herrn zu erklären, kehrte er jeden Abend an den Bahnhof zurück und wartete dort auf den Professor, bis er im Alter von 11 Jahren dort am Bahnhof starb.

Ein Denkmal wurde diesem Hund an der Shibuya Station in Tokio gesetzt und ist seit langem ein beliebter Treffpunkt für Japaner und Touristen.

An der Shibuya Station findet man auch das Wandrelief, das japanische Schlittenhunde darstellt, die bei einer japanischen Polarexpedition zurückgelassen werden mussten, als die Expedition wegen schlechten Wetters abgebrochen wurde.

Als man die Expedition ein Jahr später wieder aufnehmen konnte, fand man dort noch einige der Hunde. Sie hatten sich durch Jagen am Leben halten können, hatten sich aber nie weit von dem Ort entfernt, an dem sie zurückgelassen worden waren.

Entgegen anders lautenden Überlieferungen handelte es sich bei diesen

Hunden nicht um Akitas, sondern um den Karafuto dog, einen langhaarigen Schlittenhund, der von den Japanern gerne zum Ziehen von Schlitten verwendet wurde.

Nationales Denkmal

Die Rasse Akita war die erste der sieben japanischen Spitzrassen, die im Juli des Jahres 1931 zum Nationaldenkmal erklärt wurde, da sie das Kriterium eines „in Japan einzigartigen domestizierten Tieres" erfüllte.

2 Ernährung und Pflege

Futter

Die heutige Futtermittelindustrie macht es dem Hundebesitzer recht einfach, seinen Hund zu füttern. Es gibt Futter für Welpen, Junghunde, ausgewachsene Tiere, für kleine, mittelgroße und große Hunde, für magen- oder hautempfindliche Hunde, für solche, die Probleme mit der Leber oder Bauchspeicheldrüse haben und mittlerweile auch für einige individuelle Rassen.

Weiterhin gibt es natürlich die Möglichkeit, den Hund an den eigenen Mahlzeiten teilhaben zu lassen oder ihn zum Beispiel zu barfen. Das ist eine spezielle Art der Fütterung, wobei rohes Fleisch und frische Zutaten den wichtigsten Bestandteil darstellen.

Doch was ist nun die richtige Art der Ernährung für den Akita? Gerüchte, dass der Akita im Ursprungsland Japan nur mit Fisch und Reis gefüttert würde, sind längst widerlegt. Auch dort wird häufig auf Fertigfutter zurückgegriffen, da es insbesondere beim Züchter das Füttern deutlich vereinfacht.

Aus meiner Sicht gibt es nicht nur eine richtige Antwort auf die Frage, welches Futter für den Akita das Beste ist.

Ich persönlich bevorzuge ein gutes Fertigfutter – ohne Soja – da manche Akitas allergisch auf Soja reagieren. Ein Trockenfutter, das ich mit Wasser leicht anfeuchte und auf zwei Mahlzeiten verteilt, morgens und abends füttere. Ich füttere zweimal täglich, um einer Magendrehung vorzubeugen, die beim Akita zwar selten vorkommt, aber nicht ausgeschlossen ist und

durch regelmäßige Gabe von kleineren Futtermengen verhindert werden kann.

Bei Fertigfutter muss ich nicht lange nachdenken, ob die Menge und Zusammensetzung von Kohlenhydraten, Fetten, Mineralstoffen und Vitaminen die richtige ist. Ich habe das richtige Futter für den Welpen, den Junghund, den sportlichen oder übergewichtigen, den empfindlichen oder alten Hund.

Gelegentlich variiere ich in den Geschmacksrichtungen mit Lamm und Reis oder Fisch und Reis, füge Thunfisch, Nudeln, Reis, Kartoffeln, Frischkäse oder Ähnliches hinzu und füttere auch gelegentlich Joghurt.

Damit habe ich seit vielen Jahren gute Erfahrung und meine Hunde danken es mir mit fröhlicher Vitalität und einem glänzenden Haarkleid.

In meinem Bekannten- und Freundeskreis habe ich jedoch auch einige Selbstkocher oder Barfer. Auch sie haben gute Erfahrung mit ihrer Füttermethode gemacht und das Ergebnis ist ein genauso vitaler und gesunder Hund. Ich bewundere ihre Sorgfalt und Genauigkeit bei der Zusammenstellung der täglichen Mahlzeiten und mir läuft dabei manchmal selbst das Wasser im Munde zusammen.

Meine ursprünglichen Bedenken, einen Welpen oder Junghund zu barfen wurden ausgeräumt, als mir die unterschiedliche Zusammensetzung des Futters erklärt wurden. Bei jüngeren Hunden muss besonders darauf geachtet werden, dass der Kalzium/Phosphor-Anteil dem Alter des Hundes angepasst ist. Außerdem greifen viele Barfer in der Wachstumsphase auch auf Trockenfutter für Welpen zurück und starten das komplette Barf-Programm erst, wenn der Hund den größten Teil seines Wachstums abgeschlossen hat.

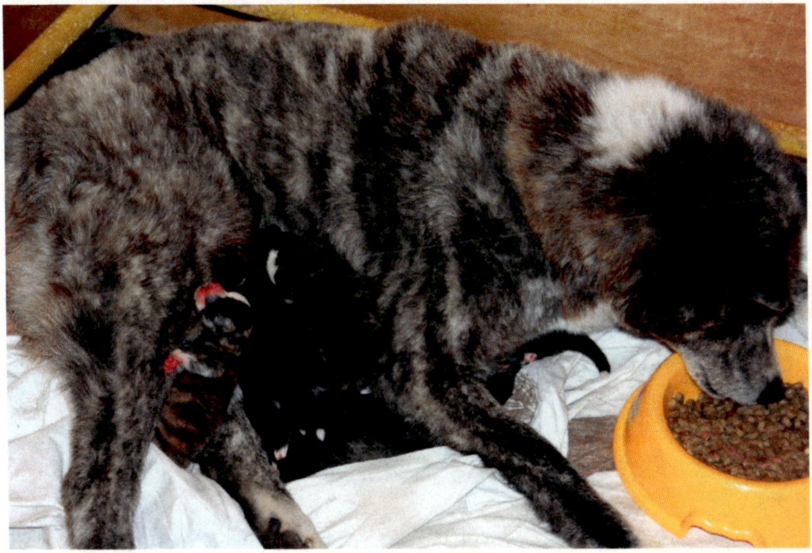

Meines Erachtens gibt es keine Pauschallösung zur Futterfrage. Die Fütterung mit einem geeigneten Fertigfutter ist jedoch sicherlich die Lösung, bei der man am wenigsten falsch machen kann.

Wagt man sich jedoch unter die Selbstkocher, sollte man sicher sein, dass man sich vorher umfassend informiert hat, damit dem Hund nicht wertvolle Futterbestandteile fehlen. Denn es ist auch heute noch so, dass ein längerfristiges Füttern mit falscher Zusammensetzung zu Mangelerscheinungen oder sogar dauerhaften anatomischen Schäden führen kann.

Fressunlust

Zuletzt möchte ich noch ein Problem ansprechen, das mich selbst mit einem meiner Akitas betroffen hat und ich auch immer wieder von anderen Akitabesitzern zu hören bekomme: Der Akita, der nicht frisst.

Man hat einen Rüden oder eine Hündin, der/die noch nie der richtige Futtervernichter war und auch gelegentlich Reste im Napf gelassen hat. Dieser Hund fängt allmählich an immer weniger zu fressen oder rührt seinen Napf überhaupt nicht mehr an. Es werden bestenfalls noch Leckerlis angenommen. Dieses Verhalten ist natürlich besorgniserregend, denn ein Hund muss doch fressen.

Also fängt der Besitzer an, besondere Leckerbissen unter das Futter zu mischen, ein anderes Futter zu kaufen, Leckerli zu füttern oder selbst zu kochen. Außerdem wird der Besitzer, wie bei einem magersüchtigen Kind, immer nervöser und ungeduldiger.

Das Ganze kann soweit eskalieren, dass sich der Hund nur noch mit Leberwurstbroten, Leckerlis oder anderen Leckerbissen aus der Hand füttern lässt.

Beim Welpen kann da vielleicht der Züchter Abhilfe schaffen, indem er – wenn er informiert wird – zur Ruhe mahnt und eine neue Fütterstrategie empfiehlt.

Was ist passiert und wie kann ich eine solche Entwicklung verhindern? Zunächst ist mit dem Tierarzt zu klären, ob nicht doch eine Erkrankung vorliegt. Würmer oder Magenprobleme können nämlich auch zu vorübergehender Appetitlosigkeit führen.

Können diese Ursachen ausgeschlossen werden, ist vermutlich folgendes passiert. Der Welpe, der aus einer Konkurrenzsituation mit Mutter und Geschwistern herausgenommen wurde, kommt in ein neues Zuhause mit neuem Besitzer. Dort wird ihm ein möglicherweise noch zu gut gefüllter Futternapf vorgesetzt. Es riecht gut, vielleicht sogar wie immer, aber Heimweh und mangelnder Konkurrenzdruck lassen das Futter nicht richtig schmecken. Es wird nicht aufgefressen und der Neubesitzer lässt, in der Hoffnung, dass der kleine Hund doch noch auffrisst, das Futter stehen.

Da der Welpe ja jederzeit an sein Futter kann, wird es für ihn noch uninteressanter. Die nächste Mahlzeit wird möglicherweise noch weniger beachtet, da er ja mittlerweile weiß, dass das Futter stehen bleibt und er sich jederzeit bedienen kann.

Beim Besitzer erweckt das den Eindruck, dass das Futter dem Welpen nicht schmeckt und er geht auf die Suche nach Alternativen. Diese Suche kann zum Teufelskreis werden. Denn je mehr Alternativen der Besitzer sucht, desto anspruchsvoller wird der Hund und zum Futteraspekt kommt dann auch noch der psychologische Druck hinzu. Der Mensch wird immer verzweifelter und nervöser und der Hund durch das Verhalten seines Besitzers immer verunsicherter und frisst erst recht nicht mehr.

So entsteht aus einer Fressunlust aufgrund einer Umgewöhnungssituation eine echte Fressneurose.

Was kann man tun, um aus diesem Labyrinth wieder herauszufinden? Zunächst muss der Besitzer aufgeklärt und beruhigt werden. Denn ist der Mensch beruhigt, verliert der Hund seine Unsicherheit. Ich empfehle die Futtermenge zunächst auf ein Minimum zu beschränken und zu festen Mahlzeiten zu reichen und die Reste anschließend zu entfernen.

Leckerli würde ich vorübergehend vollständig aus dem Speiseplan streichen bis das Fressverhalten sich normalisiert hat. Meist dauert diese Therapie ein bis zwei Wochen, in besonders hartnäckigen Fällen eventuell drei Wochen, dann hat sich der Hund an die neue Füttersituation gewöhnt und beide, Mensch und Tier, können sich wieder auf andere Dinge konzentrieren.

Einen ähnlichen Verlauf nimmt die Fressunlust oder Futterverweigerung auch beim erwachsenen Hund. Nur hat sie hier meist eine andere Ursache.

Erneut sind zunächst gesundheitliche Probleme mit dem Tierarzt auszuschließen. Dann sollte man die Ursache erforschen.

Häufig ist sie leicht zu erklären: weniger körperliche Bewegung oder ein Anstieg der Innen- oder Außentemperaturen führen automatisch zu geringerem Kalorienverbrauch und häufig auch zu einem reduzierten Appetit. Das wird von dem Besitzer aber vielleicht nicht erkannt und er meint, der Hund muss die gleiche Futtermenge wie bisher fressen.

Daraufhin reicht der Besitzer immer geschmackvolleres Futter, der Hund sucht sich stets die Leckerbissen heraus und lässt die Reste stehen. Wenn dann der Besitzer nicht begreift, dass ein geringerer Futterbedarf vorliegt, kann es wiederum zu Nervosität bei Mensch und Unsicherheit beim Hund kommen und im schlimmsten Fall zur totalen Futterverweigerung führen.

Diese verschiedenen Szenarien sind natürlich nicht die Regel. Da sie jedoch beim Akita, besonders beim Akita Welpen, vorkommen habe ich sie hier erwähnt.

Außerdem hatte ich selbst einen Hund, mit dem ich ein solches Erlebnis hatte und halte mich seither gerade bei Welpen oder Junghunden und bei den mäkeligen Fressern ganz besonders an feste Fütterungsmengen und -zeiten sowie an das Entfernen der Futterreste nach einer bestimmten Zeit.

Gesundheit

Der Akita ist durch seinen Ursprung, seinen Körperbau, sein Haarkleid und sein Wesen noch ein sehr ursprünglicher, gut angepasster und gesunder Hund.

Durch seine Herkunft aus dem Norden Japans ist er ein robuster, kräftiger Hund mit starken Knochen. Sein kräftiger Kopf mit kleinen dreieckigen Augen, kleinen, dicken, dreieckigen Ohren und einem doppelmanteligen Fell mit weicher, dichter Unterwolle und harschem, abstehenden Deckhaar lassen ihn hervorragend der Kälte und dem Regen trotzen.

Mit seinen dicken, fleischigen Katzenpfoten bewegt er sich leichtfüßig auf jedem Untergrund. Sein Körperbau und sein eiserner Wille machen ihn auch zu einem ausdauernden Läufer.

Aufgrund der spitzartigen Anatomie findet man beim Akita auch nur selten Erkrankungen am Bewegungsapparat, wie z.B. die Hüftgelenksdysplasie (HD), die Ellbogendysplasie (ED) oder die Patellaluxation. Diese Erkrankungen können jedoch auch leicht durch ein Röntgenbild (bei HD und ED) oder durch einen Tastbefund und eine Begutachtung des Bewegungsablaufes durch spezielle Tierärzte (Patellaluxation) festgestellt werden.

Häufiger tauchen jedoch mittlerweile, vermutlich aufgrund von Veränderungen in unserer Umwelt, auch Autoimmunerkrankungen auf. Unter anderem ist der Akita von Sebadenitis (SA, die Entzündung und das Absterben von Talgdrüsen in der Haut), dem Vogt-Koyanagi-Harada-Syndrom (VKH, eine Erkrankung, die bis zu Netzhautablösung und Depigmentierung des Hundes führen kann), Schilddrüsenerkrankungen (z.B. die Schilddrüsenunterfunktion) und Hautallergien betroffen. Selten kommen beim Akita Augenerkrankungen, wie Katarakt (Linsentrübung) oder PRA (fortschreitende Netzhautverkümmerung) vor.

Das VKH-Syndrom, das auch beim Menschen vorkommt, und die Sebadenitis wurden und werden in mehreren Ländern untersucht. Die Ursachen für die Sebadenits werden z.B. seit mehreren Jahren an der Universität Kassel von Frau Dr. Pfeiffer erforscht.

Leider gibt es bei keiner dieser Krankheiten bisher eindeutige Erklärungen für die Ursache oder konkrete Erkenntnisse über die Vererbung, die eine weitere Verbreitung der Krankheit verhindern könnten. Vielmehr gelangt man immer mehr zu der Auffassung, dass diese Erkrankungen multifaktorielle Ursachen haben und somit eine Erforschung sehr viel komplizierter ist als bei einem einfachen Erbgang.

Fast sicher ist man sich, dass diese Krankheit, wie z.B. auch bei Aids, einen Auslöser benötigt. So kann ein Hund möglicherweise erst im hohen Alter oder gar nicht an SA oder VKH erkranken, weil es vielleicht keinen Auslöser gab. Trotzdem kann er die Krankheit in sich tragen und an seine Nachkommen weitergeben. Daher können leider, selbst bei sorgfältigster Zuchtplanung, immer wieder kranke Hunde auftauchen.

Akita-Besitzer berichten immer wieder, dass ihre Hunde erkrankten, nachdem die Besitzer sich getrennt hatten, oder nachdem der Hund während eines Urlaubs im Tierheim untergebracht war, nach der Läufigkeit bei der Hündin, bei schwerer Krankheit in der Familie oder beim Tod eines Familienmitgliedes.

Diese Ereignisse lassen sich natürlich nicht verhindern, nur sollte man wissen, dass sie auch einen Einfluss auf den Gemüts- und Gesundheitszustand des Hundes haben können.

Da sich mehrere Autoimmunerkrankungen beim Hund durch Hautprobleme äußern, ist es umso wichtiger, nach Ausschließen eines Befalls von Ektoparasiten eine gezielte Erforschung der Krankheitsursache vorzunehmen. Ich erlebe es immer wieder, dass Akita-Besitzer und leider auch einige Tierärzte erst einmal einige Medikamente ausprobieren bevor sie der wirklichen Ursache auf den Grund gehen. Das kann möglicherweise das Krankheitsbild verfälschen oder sogar verschlimmern und die Krankheit unnötig in die Länge ziehen.

Ich persönlich schätze die Tierärzte, die erst genau heraus finden, was der Hund hat, oder den Hundebesitzer an einen Spezialisten verweisen, bevor sie die Behandlung beginnen.

Nicht nur ich, sondern auch andere Akita-Besitzer haben festgestellt, dass je früher man mit einer genauen Untersuchung bzw. dann mit einer Behandlung einer Krankheit beginnt, desto schneller sich auch der Hund wieder erholt.

Wenn man eine Krankheit (z.B. Hautprobleme) zunächst nicht behandelt, kann möglicherweise ein Milbenbefall oder eine Entzündung an aufgekratzten Stellen hinzukommen und sich dadurch die ganze Heilung über Monate hinziehen. Daher nehme ich doch auch kleinere Auffälligkeiten ernst und gehe im Zweifelsfall sofort zum Tierarzt.

Erfreulicherweise können manche Hautprobleme beim Akita durch ein einfaches Wechseln des Futters beseitigt werden. Bei der Suche nach dem richtigen Futter kann man sich durch langjährige Akita-Besitzer oder -züchter manch guten Ratschlag einholen. Gute Erfahrungen wurden zum Beispiel auch mit Umstellung auf Lamm und Reis, Fisch und Reis oder

Hirsch und Kartoffeln gemacht.

Ansonsten kann ich nur empfehlen, die drei wichtigsten Voraussetzungen für die Gesundheit eines Lebewesens zu beachten.

- Ein gutes Lebensklima (Zuneigung und Aufmerksamkeit)
- Eine Aufgabe und Bewegung an der frischen Luft (Sport und Spiel)
- Eine ausgewogene Ernährung.

Ein Akita, der von seinem Besitzer beachtet und geliebt wird, viel Bewegung an der frischen Luft genießen kann, wobei er vielleicht gleichzeitig auch noch eine Aufgabe erfüllen muss (z.B. Fährtensuche) und ein gutes Futter bekommt, hat die besten Grundvoraussetzungen, nicht so schnell oder sogar überhaupt nicht zu erkranken.

Abgesehen davon ist es sicher auch für den Besitzer nicht verkehrt nach diesen Prinzipien zu leben.

Körperpflege

Der Akita besitzt ein doppelmanteliges Haarkleid. Dieses Haarkleid wechselt er gewöhnlich zweimal in Jahr. Zunächst verliert er die Unterwolle in Büscheln, anschließend geht noch das Deckhaar aus. Bei manchen Akitas geht das recht schnell, bei anderen dauert es länger. Je mehr man bürstet oder ausbläst, desto schneller ist das Umhaaren abgeschlossen.

Akita im Fellwechsel

Einige Hunde sehen anschließend fast nackt aus, andere haben bereits das neue Fell nachgeschoben und man bemerkt fast keinen Unterschied. Bei meinen gestromten Hunden kam zwar immer eine Unmenge von Unterwolle heraus, aber der Hund sah hinterher fast genauso aus wie vorher, nur dass das neue Fell stärker glänzte als das alte. Dagegen sah meine weiße Hündin Banira im Fellwechsel oft so aus, als ob sie krank wäre, dabei war sie einfach nur abgehaart.

Viele Akitas kratzen sich in dieser Zeit vermehrt. In nur seltenen Fällen haben sie Flöhe oder andere Parasiten. Meistens juckt sie – im wahrsten Sinne des Wortes – das Fell. Auch dagegen hilft nur kräftiges Bürsten, dann wird der Hund das Kratzen schnell wieder sein lassen.

Für die Fellpflege verwende ich einen Kamm, mit dem man leicht die lose Unterwolle herausziehen kann und eine normale Noppenbürste, die ich zum Kämmen, zur Massage, aber auch zum Entfernen des

Deckhaares nehme.

Hündinnen verlieren das Fell meistens vor der Läufigkeit, um dann zum Decken fast oder ganz in neuem Haarkleid da zu stehen. Leider verlieren sie es erneut, wenn die Welpen da sind. Das heißt, sie können auch ohne weiteres häufiger als zwei Mal im Jahr in den Fellwechsel kommen. Wir füttern bei unseren Akitas im Fellwechsel Biotin als Zusatz.

Für die meisten unverständlich, verlieren viele Akitas, gerade wenn es kalt wird, im Dezember noch einmal ihren Pelz, vermutlich um sich für den Winter ein besonders dickes Fell zuzulegen. Auch das ist völlig normal und meist geht das Wiederaufhaaren in dieser Zeit besonders schnell.

Gebadet werden unsere Akitas nur vor Ausstellungen und anschließend trocken geföhnt. Auffällig ist dabei, dass manche unserer Langhaar-Vererber deutlich länger für das Trocknen benötigen, als die, die es nicht vererben. Diese Hunde sind schon nach ausgiebigem Schütteln fast wieder trocken. Daran erkennt man, welche Funktion dieses spezielle Fell hat, nämlich den Schutz vor Nässe und Kälte.

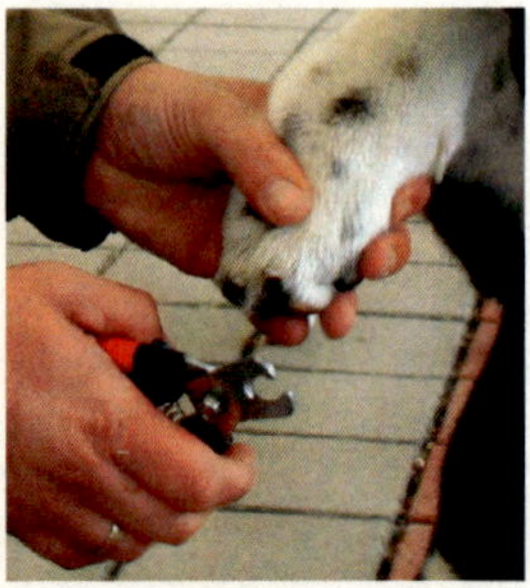

Krallen werden nur bei einigen unserer Hunde geschnitten. Manche laufen die Krallen gut auf Asphalt und Steinplatten ab und es ist kein Schneiden erforderlich.

Andere haben bereits aufgrund der Winkelung der Pfote keine Möglichkeit, ihre Krallen ausreichend abzulaufen, obwohl sie auf dem gleichen steinigen Boden wie die anderen Hunde laufen. Bei diesen Hunden rate ich dringend, die Krallen regelmäßig zu schneiden.

Das Leben in der Kralle geht bei regelmäßigem Schneiden etwas zurück und sie kann immer kürzer geschnitten werden. Außerdem versucht der Hund dann nicht durch Durchtreten der Pfote, das ständige Scharren über den Boden zu vermeiden. Denn das Durchtreten der Pfote kann auf Dauer zur Überbelastung und im schlimmsten Fall zum Lahmen führen.

Regelmäßig überprüfen wir auch die Ohren, Augen und Zähne unserer Hunde. Übermäßigen Zahnstein lassen wir entfernen. Leider haben wir die Erfahrung gemacht, dass sich Zahnstein nur im geringen Maße durch viel Kauen verhindern lässt. Manche Hunde haben ihr Leben lang blendend weiße Zähne, andere, durch eine besondere Zusammensetzung des Speichels oder eine ungünstige Zahnstellung, bereits als junger Hund Ablagerungen auf den Zähnen.

Teilweise kann das auch genetisch bedingt sein, z.B. durch Zahnschmelzdefekte. Dann bleibt nur die regelmäßige Zahnpflege, damit der Akita auch im Alter noch gut kauen kann. Manche Tierärzte versiegeln die Zähne. Die Versiegelung muss jedoch unter Narkose erfolgen und hält leider nicht lange an.

Doppelte Zähne, z.B. der Caninus (Fangzahn), die nicht ausfallen, wenn der Junghund sein bleibendes Gebiss bekommt, können durch Gabe von Kauknochen oder durch Zerrspiele mit einem Knoten eventuell gelockert werden und fallen meist später aus. Ansonsten können sie auch beim Tierarzt gezogen werden.

Akita mit tränendem Auge

Manche Akitas haben tränende Augen. Das kann verschiedene Ursachen haben. Manchmal ist es saisonbedingt und wie beim Menschen auf bestimmte Gräser oder Pollen zurück zu führen. Oder es ist stressbedingt. Bei unserem Rüden Sashi tränten immer die Augen, wenn wir auf Ausstellungen waren. Bei Shiki tränen gelegentlich die Augen, wenn die Heuschnupfenzeit beginnt.

Häufig liegt es jedoch daran, dass die Tränenkanäle verstopft sind. Die Tränenkanäle können beim Augenarzt durchgespült werden. Jedoch hat das meist keinen bleibenden Erfolg. Auch können Stäbchen gesetzt werden, um die Tränenkanäle zu weiten. Aber auch das hat fast immer nur einen vorübergehenden positiven Effekt.

Ich halte es für wichtig, den Hunden mit tränenden Augen täglich die Augen auszuwischen, so dass die Flüssigkeit keine bleibenden Spuren unter den Augen hinterlässt und die Stellen nicht verkleben oder sich entzünden. Denn die Augenflüssigkeit ist leicht reizend und kann daher auch Entzündungen hervorrufen.

3 Zucht

Meine ersten Erfahrungen mit der Hundezucht konnte ich im Alter von 12 Jahren machen, als unsere Nachbarin Welpen von ihrer Irish Setter Hündin hatte.

Von der Wurfplanung bis zur Welpenabgabe konnte ich genau erleben, wie viel Arbeit es war, wie viel Zeit es kostete und wie viel Wissen man haben sollte.

Weitere Erkenntnisse über Zuchtziele, Vererbung und Vor- und Nachteile einer Linienzucht gewann ich durch den Biologieunterricht und später durch meine ersten eigenen Zuchtversuche mit der Drosophila-Fliege im Biologie-Leistungskurs.

Dabei lernte ich nicht nur die verschiedenen Arten der Vererbung (dominant, rezessiv) kennen, sondern auch die Mendelschen Gesetze und die Bedeutung wichtiger Merkmale, z.B. wie man sie verstärkt oder wie man versucht sie aus der Zucht zu eliminieren.

Obwohl wir zuhause einen Akita-Rüden und eine Akita-Hündin hatten, hat meine Mutter selbst nie gezüchtet. Das habe ich immer sehr bedauert, aber im Nachhinein denke ich, war es gut so. Denn unser Rüde entwickelte im Alter von 6 Jahren eine Wirbelsäulen-Spondylose und bei unserer Hündin war Entropium in der Linie. Somit hätten wir die Zucht vermutlich nicht verbessert.

Zuchtvoraussetzungen

Nach 15 Jahren Zuchterfahrung halte ich folgende Voraussetzungen für wichtig:

- Enthusiasmus und Ausdauer,
- besondere Zuneigung zu der Rasse,
- Fachkenntnisse,
- genügend Zeit und Platz und
- finanzielle Unabhängigkeit.

Enthusiasmus, Ausdauer und Zuneigung benötige ich, um Erschöpfungszustände und Enttäuschungen zu überwinden und um die Geduld aufzubringen, die man benötigt, um ein bestimmtes Zuchtziel zu erreichen. Dass man den Elterntieren und den Welpen Liebe und Anerkennung schenkt, auch wenn sie nicht zu dem gewünschten Zuchtergebnis geführt haben.

Fachkenntnisse sind unbedingt erforderlich, um Fehler, bestimmte Merkmale und Schwächen zu erkennen und diese zu vermeiden bzw. zu eliminieren.

Zeit und Platz sind Grundvoraussetzungen, um die Welpen in ihrer ersten und wichtigsten Lebensphase zu beobachten und zu begleiten, um ihnen die erforderlichen örtlichen Bedingungen für eine altersgemäße Entwicklung zu bieten, und um ihnen – falls sie im normalen Abgabealter nicht vermittelt werden können – auch weiterhin genügend Anreize für eine normale Entwicklung zu ermöglichen.

Zuletzt möchte ich finanzielle Unabhängigkeit erwähnen. Damit meine ich nicht, dass man reich sein muss, um zu züchten. Aus meiner Sicht ist es jedoch wichtig, dass die Zucht nicht als Einnahmequelle betrachtet wird. Denn dadurch riskiere ich, dass ich mir die eigenen Hunde oder die eigenen Zuchtpläne schönrede, um Kosten zu sparen. Hündinnen werden eingesetzt, die eigentlich nicht oder nicht mehr in die Zucht gehörten, weil sie schließlich ja noch einen oder zwei Würfe bekommen könnten, und man verwendet eher ungeeignete Rüden, die vielleicht weniger Decktaxe kosten oder näher wohnen als andere besser geeignete Deckrüden.

Auswahl der Deckpartner

Rüde

Meist kommt der Entschluss zu züchten, nachdem bereits ein oder zwei Akitas im Haushalt leben. Man findet seine eigenen Hunde so außergewöhnlich, dass man zu der Überzeugung gelangt, dass dieser Hund Nachkommen haben sollte. Da unsere eigene Meinung natürlich sehr durch Zuneigung zum eigenen Hund geprägt wird, ist es unbedingt erforderlich, diese Meinung durch einen oder mehrere Spezialisten (Zuchtrichter und Zuchtverantwortliche) bestätigen zu lassen. Außerdem müssen natürlich die gesundheitlichen Voraussetzungen erfüllt werden.

Hat die eigene Hündin alle Zuchtvoraussetzungen erfüllt und ist zur Zucht zugelassen worden, stellt sich die Frage nach dem Deckrüden. Habe ich für die eigene Hündin bereits früh einen Partner oder umgekehrt für den Rüden eine Spielgefährtin dazugekauft, scheint die Antwort ganz einfach. Ich nehme meinen eigenen Rüden, der eventuell sogar auch alle Zuchtvoraussetzungen erfüllt.

Hündin

Aber ist der eigene Rüde tatsächlich ein geeigneter oder der ideale

Deckpartner? Diese Frage kann ich mir nur ehrlich beantworten, indem ich eine Liste mit den Fehlern meiner Hunde erstelle.

Ergibt sich daraus, dass meine Hunde im Wesentlichen die gleichen Fehler aufweisen, sollte ich so vernünftig sein und diese Hunde nicht miteinander verpaaren. Wir wissen aus der Vererbungslehre: verpaart man Gleiches mit Gleichem, so wird es verstärkt und man wird diesen Fehler nur schwer wieder los.

Der beste Weg, um zum Beispiel Merkmale wie große Ohren oder gespreizte Pfoten in der Linie zu verbessern, ist, sich einen Partner zu suchen, der dieses Merkmal in idealer Form besitzt und aus einer Linie stammt, in der es bereits gefestigt ist, sprich, sehr viele Nachkommen das ideale Merkmal aufweisen.

Will ich nun unbedingt einen eigenen Rüden einsetzen, müsste ich ihn mir – Platz, Zeit und genügend Geld vorausgesetzt – passend zur Hündin kaufen. Und selbst das kann noch schief gehen, wenn die Hündin den Rüden nicht akzeptiert oder das Zuchtergebnis dennoch nicht zufrieden stellend ist. Daher sind viele Züchter dazu übergegangen nur Hündinnen zu halten und die passenden Rüden für den jeweiligen Deckakt individuell auszuwählen.

So kann man sich nämlich den geeignetsten Rüden für die eigene Hündin auswählen. Andererseits kann es natürlich auch sein, dass man lange Strecken zum Rüden fährt und sich die Hunde dann trotzdem nicht mögen und man umsonst gefahren ist.

Farbvererbung

Beim Akita Inu gibt es die Einschränkung auf die Farben rot, sesam, gestromt und weiß. In Japan und mittlerweile auch dem Rest der Welt sind die roten Akitas am beliebtesten. Daher sind Verpaarungen von zwei roten Akitas die häufigsten.

Oft werden auch Verpaarungen mit rot und gestromt vorgenommen. Dabei muss man sich jedoch im Klaren darüber sein, dass nicht unbedingt die Hälfte der Welpen rot und die andere Hälfte gestromt sein wird. Gestromt ist dominant über rot. Daher fallen bei solchen Verpaarungen meist mehr gestromte als rote Welpen.

rot

gestromt

weiß

Meine Hündin Kiriko hatte gestromte Eltern, durch die sie nur gestromte Gene erhielt. Ganz gleich, mit welchem Rüden ich sie verpaarte, sie bekam nur gestromte Nachkommen. Ihr Sohn Ken, dessen Vater Sashi rot ist, hat in seinen Nachkommen auch immer viele gestromte Welpen; im letzten Wurf mit Okashii, eine rote Hündin von roten Eltern, waren es sechs gestromte und nur zwei rote Welpen.

Verpaarungen von weißen und roten Akita bergen die Gefahr, dass die weißen Nachkommen nicht schneeweiß sind, sondern eine rötliche Färbung an den Ohren oder an sonstigen Stellen am Körper aufweisen.

In Japan werden nur selten Verpaarungen mit weißen Akita oder mit zwei gestromten Akita gemacht. Silberbrindel, also gestromt mit weiß, kann man am ehesten durch die Verpaarung von silberbrindel mit weiß oder gestromt erhalten.

In Japan wird behauptet, dass die Verpaarung von gestromt und gestromt nur selten stattfindet, da dadurch mehr Krankheiten entstehen sollen. Diese These kann ich weder bestätigen noch widerlegen.

Ich hatte bisher nur einen gestromten Akita aus einer gestromten Verpaarung und diese Hündin, Kiriko, ist bis heute gesund und hat mir, jedoch nur mit roten Partnern, viele gesunde Welpen gebracht.

Dennoch muss auch ich die Aussage einiger japanischer Züchter bestätigen, dass es viel schwerer ist einen guten gestromten Akita zu züchten als einen guten roten Akita. In vielen gestromten Linien steckt nicht genug

Knochenstärke, sehr häufig ist nicht nur eine steile Hinterhand, sondern auch eine steile Vorderhand vorhanden ist und häufig ist auch der Kopftyp schmaler als bei den meisten roten Linien. Dafür haben gestromte Hunde viel häufiger das korrekte harsche Deckhaar mit weicher, dichter Unterwolle.

Vorbereitungen

Viele Züchter begehen immer wieder den Fehler zu glauben, dass man Verpaarungen und Geburten in den eigenen Terminkalender einbauen kann. Aus eigener Erfahrung kann ich nur sagen, dass dies in den meisten Fällen nicht klappt. Hündinnen kommen in den allerseltensten Fällen am Wochenende in die Standhitze, so dass man am Montag rechtzeitig zur Arbeit zurück ist.

Wenn ich mit meinen eigenen Hündinnen nach Italien oder Frankreich zum Deckrüden gefahren bin, haben sie dort meist eine mehrtätige Pause im Fortschreiten ihrer Läufigkeit gemacht, so dass sie entweder in die Standhitze kamen, wenn wir wieder zuhause waren, oder sie sich nach mehrtätigem Warten erst am 18. oder 19. Tag der Läufigkeit dem Deckrüden geneigt gezeigt haben. Hätte ich dabei nicht genug Zeit eingeplant, wäre die ganze Reise umsonst gewesen.

Daher ist es unbedingt notwendig, nicht nur für den Deckakt, sondern auch für die Geburt genug Zeit einzuplanen.

■ Das Kennenlernen

Wenn es machbar war, habe ich immer ein vorheriges Kennenlernen der Deckpartner arrangiert. Akita Hündinnen sind gelegentlich recht zickig mit fremden Rüden und hat man sich vorher schon einmal getroffen und war gemeinsam spazieren gegangen, kann es die anfängliche Angst der Erstlingshündin oder die Unsicherheit des Rüden, der das erste Mal deckt, deutlich verringern.

Der Deckakt

Im Allgemeinen ist es so, dass man mit der läufigen Hündin zum Rüden fährt. Dort wird die Hündin aufgrund des fremden Territoriums eventuell ein wenig eingeschüchtert sein, dafür der Rüde sicherer und selbstbewusster. Dadurch wird es dem Rüden erleichtert, die Hündin zum Deckakt zu überreden.

Unsere eigenen Rüden haben einen speziellen Auslauf, in dem sie auf ihre Partnerinnen treffen. Daher sind sie den Hündinnen immer schon sehr wohl gesonnen, wenn es in diesen Auslauf geht. Das Vorspiel kann unter Umständen recht lange dauern. Bei manchen Hündinnen dauert es Tage – wenn es z.B. noch nicht der richtige Zeitpunkt ist. Bei anderen benötigt es einige Stunden, um ein freundschaftliches Verhältnis mit dem Rüden aufzubauen.

Bei manchen hingegen geht es ganz schnell. Ein kurzes Beschnuppern, ein kurzes Spiel, die Hündin stellt sich und der Rüde deckt. Diese Situationen habe ich aber immer nur bei Hündinnen erlebt, die schon einmal gedeckt worden waren und bei Rüden, die schon gedeckt hatten.

Manche Rüden lassen sich beim Deckakt helfen. Unsere Akita Rüden machen alles lieber selber. Nur in Ausnahmefällen – auf besonderen Wunsch der Hündinnenbesitzer – haben wir schon gelegentlich Hündinnen festgehalten, so dass der Rüde decken konnte. Bei unseren eigenen Hündinnen halten wir die Partner erst, wenn die beiden Hunde hängen.

Die Dauer des Deckaktes haben wir sehr unterschiedlich erlebt. Meist waren es um die 20 Minuten. Es gab jedoch auch Deckakte, die nur 3 bis 5 Minuten dauerten und die Hündin bekam trotzdem Welpen.

Zwei von unseren Hündinnen haben in den ersten Minuten immer laut gejammert und wollten sich losreißen. Für andere Hündinnen war das Erlebnis wohl weniger schmerzhaft. Beiden Hunden gönnen wir immer anschließend eine lange Ruhepause.

Obwohl man sagt, dass ein Deckakt genauso erfolgreich ist wie mehrere, haben wir immer versucht im Abstand von 2 Tagen nachzudecken. Manchmal hat sich dann aber die Hündin nicht mehr decken lassen.

Häufig haben wir festgestellt, dass die Hündinnen sich früher deckbereit gezeigt haben als die Rüden interessiert waren und dass umgekehrt die Rüden noch interessiert waren, wenn die Hündinnen bereits wegbissen.

Daran erkennt man, wie schwierig es sein kann, den richtigen Deckzeitpunkt zu finden. Übrigens waren mir weder Scheidenabstrich noch Progesteron-Test eine wirkliche Hilfe. Mit dem Scheidenabstrich soll anhand des Zustands der Blutplättchen bestimmt werden, wie lange es noch bis zum idealen Deckzeitpunkt dauert.

Bei unserer Hündin Jupi z.B. besagte dieser Scheidenabstrich einmal, dass der ideale Zeitpunkt gekommen war, und die Hündin ließ sich auch decken. Beruhigt ließen wir die Hunde noch ein paar Tage getrennt. Etwa 10 Tage später wurden die Rüden richtig unruhig und ein weiterer Scheidenabstrich besagte, dass jetzt der richtige Zeitpunkt gekommen sei. Auch da hat der Rüde wieder gedeckt. Jupi bekam Welpen etwa 60 Tage nach dem 2. Decktermin.

Bei einem weiteren Fall bei Jojo hat der Scheidenabstrich zu Beginn und am Ende der Läufigkeit die gleichen Ergebnisse gebracht – nämlich, dass die Hündin deckbereit wäre. Sie wurde zu beiden Zeitpunkten gedeckt und warf 8 Welpen etwa 60 Tage nach dem 2. Decktermin. Daher stehe ich mittlerweile Scheidenabstrichen eher kritisch gegenüber.

Beim Progesteron-Test sollten mehrere Tests im Abstand von einigen Tagen gemacht werden. Das Ergebnis steht meist erst am nächsten Tag fest. Auch dieses Ergebnis ist häufig nicht eindeutig, sondern eher ein Anhaltspunkt, in welchem Zeitraum die Bedeckung liegen könnte. Daher war auch dieser Test für mich, gerade bei Reisen ins Ausland, häufig nicht sehr hilfreich.

Aussagekräftig waren und sind für mich eher die eigenen Rüden. Sie liegen in den seltensten Fällen falsch. Obwohl ich auch dort Unterschiede erlebt habe. Sashi signalisiert immer sehr früh, dass der richtige Zeitpunkt da ist, wohingegen Ken erst einen Tag später und Yuu Go noch später reagiert. Am spätesten reagiert bei uns der italienische Rüde Oshi. Er deckt wirklich immer erst am Tag bevor die Hündin wegbeißt.

Trächtigkeit

Ist die Hündin erst einmal gedeckt, heißt es warten. Ganz selten haben wir bereits in den ersten Wochen Besonderheiten an der gedeckten Hündin festgestellt. Meist haben sie die ersten zwei Wochen recht gut gefressen. Dann kamen ein oder zwei Tage Erbrechen und manche Hündinnen haben ab diesem Zeitpunkt für einige Zeit wenig oder weniger als gewöhnlich gefressen.

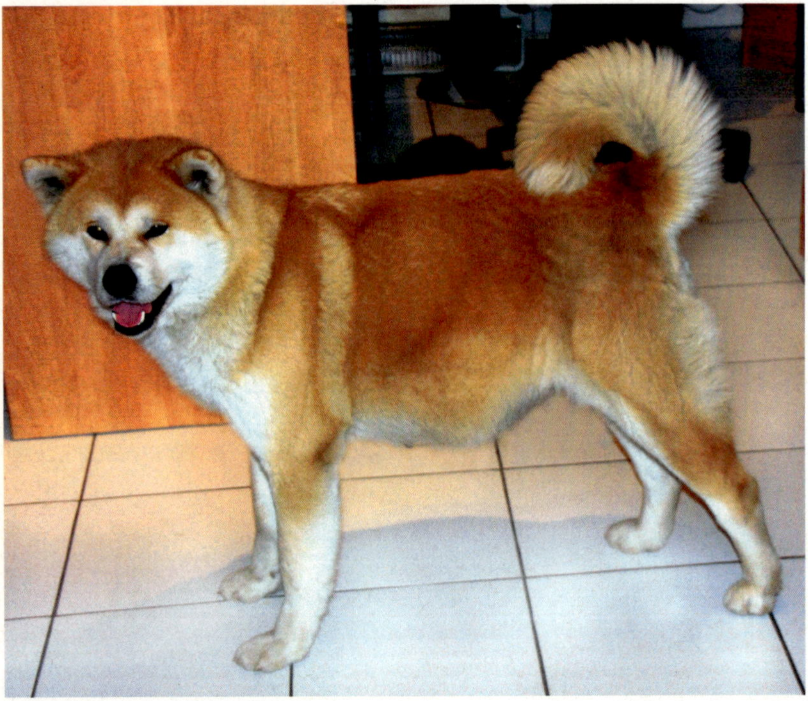

Die ersten optischen Anzeichen stellten wir häufig nach etwa 4 Wochen fest, wenn sich leichte birnenförmige Rundungen am Ende der Rippen zeigten. Diese Merkmale nur auf der einen oder anderen Seite signalisierten uns auch gelegentlich, dass es eventuell nur ein kleiner Wurf würde.

Untersuchungen

Bei den ersten Würfen haben wir noch Ultraschalluntersuchungen gemacht – später nicht mehr. Wir fanden es zu stressig für die Hündin, da manche Hündinnen sowieso nicht gerne zum Tierarzt gehen, dort auf den Untersuchungstisch müssen und auch noch rasiert werden. Das Abtasten mit dem Schallkopf ist auch nicht unbedingt angenehm für die Hündin und durch die Untersuchung kann man sowieso nichts ändern. Eine nichtträchtige Hündin wird nicht trächtig und eine trächtige Hündin bekommt dadurch nicht mehr Welpen.

Im Gegenteil, gelegentlich hatten wir sogar den Fall, dass der Tierarzt eine Trächtigkeit diagnostiziert hatte und die Hündin trotzdem keine Welpen bekam. Wir vermuten, dass in diesen Fällen entweder eine Fehldiagnose vorlag oder die Hündin die Welpen absorbiert hatte.

Genauso haben wir es erlebt, dass der Tierarzt keine Trächtigkeit feststellen konnte und die Hündin später zwei Welpen warf.

Untersuchungen lassen wir mittlerweile nur noch vornehmen, wenn die Hündin möglicherweise nur einen Welpen bekommt, wenn wir Schwierigkeiten vermuten, die Hündin Blutungen hat oder wenn die Geburt vorbei ist und wir meinen noch einen Welpen zu tasten.

In so einem Fall, nämlich als unsere trächtige Hündin eine Woche vor dem errechneten Geburtstermin Blut verlor, konnten wir durch den Ultraschall feststellen, dass ein Welpe am Absterben war und durch entsprechende Medikamentengabe verhindern, dass auch die anderen Welpen starben. So brachte unsere Hündin nach 61 Tagen zwar einen toten, aber noch drei gesunde Welpen auf die Welt.

Fütterung während der Trächtigkeit

Es gibt viele Ratgeber und Bücher über die Fütterung, auch während der Trächtigkeit. Daher möchte ich darauf nicht speziell eingehen. Ich persönlich gebe ein an die Trächtigkeit angepasstes Futter (meist ein Performance-Futter ab der 5. Woche) und lasse ansonsten die Hündin darüber entscheiden, wie viel sie von ihrer Ration frisst.

Normalerweise werden meine Hunde zweimal täglich gefüttert. Das behalte ich auch bei der trächtigen Hündin bis zur 6. Woche bei. Ab der 6. Woche füttere ich sie dreimal, da sie einerseits einen höheren Energiebedarf hat und andererseits möglicherweise nicht mehr so viel Platz im Bauchraum hat, um größere Mengen an Futter auf einmal zu sich zu nehmen.

Meine Hündinnen konnten sich an der ihnen gegebenen Menge nie fett fressen, im Gegenteil, erwarteten sie wenige oder nur einen Welpen, haben sie sogar relativ wenig gefressen und vermutlich dadurch dafür gesorgt, dass der Welpe kein Riesenbaby wurde und auf natürliche Weise geboren werden konnte.

Diesen Fall hatten wir bei unseren Hündinnen Keiko und Jupi. Sie brachten jeweils nur einen Welpen (Noriko und Jojo) auf natürliche Weise und mit einem normalen Geburtsgewicht auf die Welt.

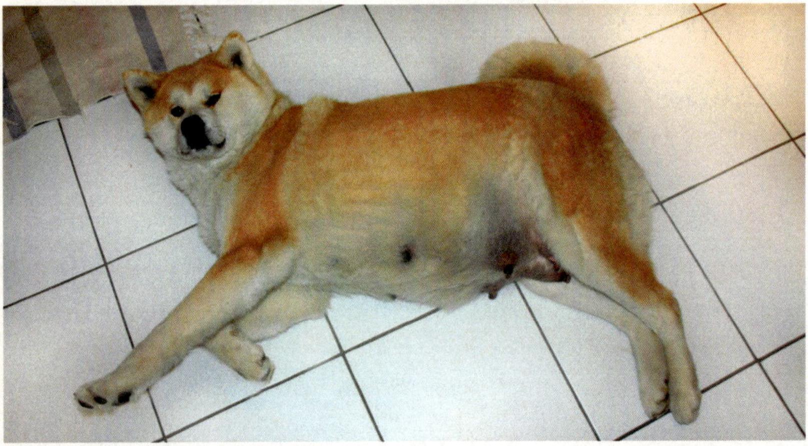

Bewegung während der Trächtigkeit

Bei meinen Hündinnen habe ich während der Trächtigkeit die normalen Spaziergänge beibehalten. Nur bei großen Würfen und höheren Temperaturen wurden zum Ende der Trächtigkeit die Spaziergänge verkürzt oder zu anderen Tageszeiten gemacht. Mir war es immer wichtig, dass sie für die Geburt in einer guten Kondition waren.

Was ich zum Ende der Trächtigkeit unterbunden habe, war ausgelassenes Toben und Spielen mit anderen Partnern. Da der Akita gelegentlich sehr wild mit anderen Spielgefährten tobt, war mir das Risiko doch zu groß, dass etwas passieren könnte.

Bei meiner Hündin Antai begann die Geburt einmal nachts bereits einige Tage vor dem errechneten Termin, nachdem sie nachmittags wild mit den anderen Hunden gespielt hatte. Die Welpen waren, glücklicherweise, gesund und voll entwickelt, aber dennoch hatte ich große Sorge während der Geburt, ob alles gut gehen würde. Daher bin ich heute vorsichtiger, besonders in den letzten Tagen vor der Geburt.

■ Vor der Geburt

Die Literatur beschreibt viele Varianten der vorgeburtlichen Phase und deren Dauer. Wir haben viele davon selbst erlebt.

Manchmal hat es sehr lange gedauert, ein bis zwei Tage und unsere Akita Hündin hat schon am Tag vorher das Futter verweigert. In einem anderen Fall hat Keiko morgens noch gefressen, am Vormittag das Futter erbrochen und um 12 Uhr ging die Geburt los.

Manchmal hat die Hündin die Wurfkiste bereits Tage vorher bezogen und dort im Laufe der Zeit während der Wehen zahlreiche Bettlaken zerrissen. Bisweilen hat die Hündin die Wurfkiste erst zur Geburt betreten. Shiki hat sich komplett geweigert, die Welpen in der Wurfkiste zu bekommen und warf auf einem Laken in einer Zimmerecke.

Erst nachdem die Geburt vollständig abgeschlossen war, konnten wir sie, indem wir die Welpen mit in die Wurfkiste nahmen, dazu bewegen, auch umzuziehen.

Meistens waren die Hündinnen zum Schluss sehr unruhig und liefen immer wieder von einem Zimmer zum anderen, nach draußen und wieder ins Haus, standen auf und legten sich wieder hin, versteckten sich unter einem Tisch und kratzten in den Ecken. Andere wiederum versteckten sich nur in einer Ecke und kratzten dort immer wieder die Tapete von der Wand.

Begleitet wurde diese Unruhe immer von mehr oder weniger starkem

Hecheln. Dieses Hecheln konnte jedoch auch durch die Senkwehen ausgelöst werden und anschließend dauerte es noch viele Stunden bis es wirklich losging.

Gelegentlich habe ich auch vor der Geburt einen Schleimpfropfen abgehen sehen und auch wenig oder viel Fruchtwasser. Dann steht die Geburt kurz bevor.

Nach draußen darf die Hündin in dieser Phase nur noch in Begleitung und abends mit Taschenlampe. Wir hatten nämlich tatsächlich den Fall, dass unsere Hündin Kiriko bei einem Gang nach draußen bereits den ersten Welpen verlor. Ein dunkelgestromter Welpe im Dunklen wäre kaum aufgefallen, wenn wir nicht dabei gewesen wären, und ihn schnell mit ins Haus genommen hätten, wo er sofort von seiner Mutter sauber gemacht wurde und sich dann auf eine gefüllte Zitze stürzte.

Die Geburt

Fast immer geht es mit starken Presswehen los. Die Hündin krümmt sich und meist sieht man den ersten Welpen kommen. Gelegentlich platzt dabei auch schon die Fruchtblase. Dann beginnt die Hündin sehr schnell,

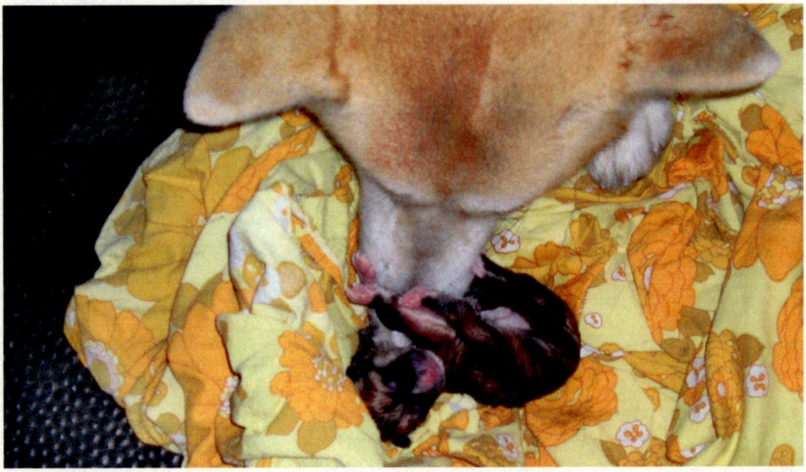

das Wasser und die Nachgeburt aufzunehmen und ich hindere sie nicht daran, denn die Nachgeburt enthält wertvolle Enzyme, die auch für die Milchbildung notwendig sind.

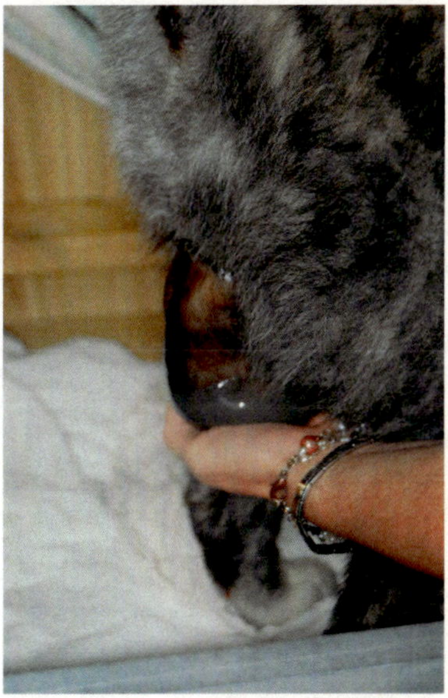

Manchmal platzt die Fruchtblase bevor der Welpe ganz draußen ist. Falls der Welpe stecken bleibt, helfe ich manchmal mit, ihn bei der nächsten Wehe herauszuziehen. Dabei muss man natürlich sehr vorsichtig sein, denn meist schaut nur das Köpfchen heraus und daran sollte man auf keinen Fall ziehen.

Meist kommt der Welpe noch in der Fruchtblase. In diesem Fall helfe ich gelegentlich der Erstlingsmutter, den Fruchtsack unter dem Kinn des Welpen aufzureißen. Fast alle meiner Hündinnen haben das aber automatisch selbst und auch richtig gemacht.

Bei uns kamen die Welpen meist in Abständen von 10 bis 20 Minuten. Sind es größere Würfe, können die Pausen auch einmal länger werden, wenn die nächsten Welpen nachrutschen müssen. Pausen bis zu einer Stunde sind ganz normal.

Gibt es richtig lange Pausen, etwa von mehreren Stunden, kann auch ein Geburtshindernis vorliegen: ein toter Welpe, ein sehr schwerer Welpe oder ein quer liegender Welpe. In diesen Fällen setze ich mich mit dem Tierarzt in Verbindung, der dann entscheidet, was zu tun ist.

An den Bewegungen der Hündin erkenne ich häufig, ob sie noch Wehen hat. Am Bauch kann ich eventuell tasten, ob noch Welpen kommen. In einem Fall hatte meine Hündin Keiko starke Wehen, der Welpe kam aber nicht. Als ich schließlich den Tierarzt anrufen wollte, kam endlich ein sehr großer Rüde, der ihr auch noch bei der Geburt große Schmerzen bereitete.

Wichtig ist es in solchen Fällen unbedingt die Nummer des Tierarztes parat zu haben, der im Notfall kommen und helfen kann.

Für das Ausbleiben von Wehen habe ich ein homöopathisches Mittel, das ich aber auch nur einsetze, wenn wirklich keine Wehen vorhanden sind. Leider wissen die wenigsten Züchter und Tierärzte, dass man eine Spritze mit wehenfördernden Mitteln nur einmal geben darf.

Gibt man eine solche Spritze ein zweites Mal, haben die sich noch im Bauch der Mutter befindlichen Welpen praktisch keine Überlebenschance.

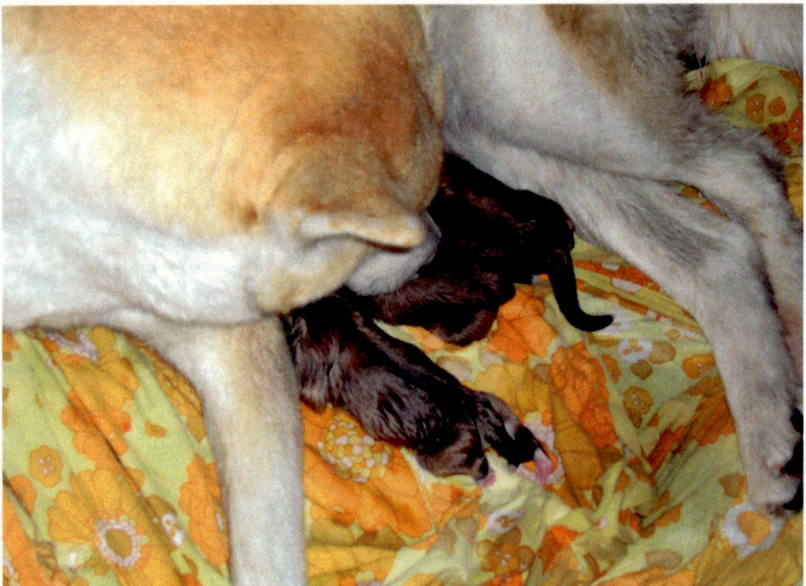

Denn das Mittel geht auch in den Blutkreislauf der Welpen. Werden die Welpen nicht nach Geben der ersten Spritze geboren, muss ein Kaiserschnitt gemacht werden.

Wenn ein Welpe nicht atmet, nehme ich ihn in beide Hände, halte den Kopf mit den Zeigefingern fest und schüttele ihn nach unten aus. Manchmal hat er nur Fruchtwasser geschluckt. Man muss dabei jedoch sehr vorsichtig sein.

Gelegentlich reicht auch schon kräftiges Rubbeln oder etwas kaltes Wasser. Wenn sich ein Welpe gar nicht rührt, gab ich früher ein Mittel aus der Apotheke auf die Zunge. Leider ist das Mittel nicht mehr erhältlich. Seither verwende ich für solche Notfälle einen Tropfen Brandy.

Wenn Welpen mit heraushängender Zunge oder bereits leicht verfärbt auf die Welt kommen, gelegentlich auch mit grünem Fruchtwasser, konnten wir sie nie wieder beleben. In diesen Fällen waren sie wohl schon länger tot.

Ob die Geburt beendet ist, erkennt man am Verhalten der Mutter. Legt sie sich gemütlich hin, wird ruhiger und beginnt zu schlafen, und tastet man auch keine Welpen mehr, dann ist das meiste geschafft.

Aber man hat keine Garantie. Bei unserer Hündin Jojo hatten wir den Fall, dass sie sich gemütlich hinlegte und schlief, auch raus ging und trank und fraß und nach einigen Stunden bekam sie weitere Wehen und gebar noch einen Welpen, den wir vorher nicht ertastet hatten.

Will man auf Nummer sicher gehen, packt man Mutter und Kinder ins Auto und lässt die Mutter röntgen und die Welpen kurz untersuchen. Dann weiß man, dass alles in Ordnung ist.

Manche Züchter haben große Sorge, dass die Welpen nicht satt werden, wenn die Hündin viele Welpen hat. Diese Sorge kann ich nur teilweise bestätigen. Ich hatte Hündinnen, die wenige Welpen hatten und deren Milch eher knapp war, so dass ich bereits nach 20 Tagen zufüttern musste, aber auch Hündinnen mit 8 Welpen, die so viel Milch hatten, dass die Welpen sich teilweise an den Zitzen abwechselten, weil ein Teil immer mit gut gefülltem Bauch schlief. Selbst wenn nicht so viele Zitzen wie Welpen da waren, war dies kein Problem.

Für mich ist der Zeitpunkt zum Aufatmen gekommen, wenn alle Welpen laut schmatzend an den Zitzen liegen und die Mutter ein Schläfchen macht. Meistens finden die Welpen selbst zu den Zitzen der Mutter. Bei manchen helfe ich das erste Mal ein wenig nach. Wenn alle dann gemütlich daliegen, hole ich mir einen Kaffee und betrachte den Kindersegen.

Meist habe ich zwischendurch schon die Uhrzeit und das Geburtsgewicht der Welpen und das Geschlecht und die besonderen Merkmale aufgeschrieben, so dass ich mich auf mein Sofa gegenüber der Wurfkiste hinlegen kann, und auch erst einmal ein Nickerchen mache.

4 Aufzucht

Neugeborenenphase

Die ersten zwei Wochen sind meist recht entspannt. Die Hündin bekommt in den ersten Tagen von mir ein homöopathisches Mittel zur Rückbildung der Gebärmutter. Der Mutter füttere ich auch ein Leistungsfutter dreimal täglich und die Welpen trinken bei der Mutter. Es ist an sich nicht mehr zu tun, als der Mutter genug Futter und Bewegung zu geben, die Wurfkiste sauber zu halten und die Welpen zu wiegen.

Trotzdem verbringe ich viele Stunden bei den Welpen, um sie zu beobachten, etwas über ihr Verhalten zu lernen und zu verhindern, dass die Mutter auf sie tritt oder sich auf sie legt. Daher habe ich in den ersten zwei Wochen auch einige schlaflose Nächte. In der Wurfkiste haben wir zwar Stangen als Abstandshalter, damit die Welpen nicht zwischen Mutter und Wand zerdrückt werden, aber es kann dennoch vorkommen, dass die Mutter sich auf einen Welpen legt.

Nie hatten wir das Problem, dass die Hündin überhaupt keine Milch hatte. Nur einmal hatten wir einen Milchstau bei unserer Hündin Mairi. Den konnten aber wir durch homöopathische Mittel ganz gut in den Griff bekommen.

Gut kann man bereits in dieser Zeit erkennen, wie energisch sich die Welpen an den Zitzen durchsetzen, und wir können die ersten Prognosen zum Wesen der einzelnen Welpen stellen.

Kleine Welpen sind nicht unbedingt schwache Welpen. Ich habe schon pfiffige Welpen erlebt, die sich mit 330 g an ihren mit über 400 g deutlich stärkeren Brüdern und Schwestern vorbeigedrängt haben, um sich die schwerer zugänglichen Zitzen zu ergattern und die nicht mehr losließen. Häufig haben sie auch schneller als ihre Geschwister zugenommen und sie sogar später überrundet.

Ich wiege die Welpen täglich, um einerseits zu sehen, ob sie gleichmäßig zunehmen und andererseits, um sie täglich in die Hand zu nehmen, damit sie sich an uns und unseren Geruch gewöhnen.

Das Geburtsgewicht hat nicht unbedingt etwas mit dem Endgewicht zu tun. Ich habe bereits mehrere Würfe erlebt, in denen die leichten oder kleineren Welpen später das gleiche Endgewicht hatten wie die viel schwereren Geschwister. Ein geringeres Gewicht kann mit der Lage im Gebärmutterhorn und/oder mit dem Zeitpunkt der Befruchtung zu tun haben.

Jede Akita-Mutter ist anders. Manche meiner Hündinnen sind sehr vorsichtig mit ihren Welpen und achten darauf, dass sie sich nicht auf die Welpen legen oder auf sie treten. Andere Mütter sind weniger vorsichtig, und es gibt manch eine Situation, wo ein Welpe unter der Mutter herausgezogen werden muss.

Daher schlafe ich in den ersten 1 bis 2 Wochen auf dem Sofa bei meiner Hündin mit den neugeborenen Welpen. Dabei kann man auch immer wieder gut beobachten, wie die noch blinden Welpen rein nach ihrer Nase den Weg zur Zitze der Mutter finden und wie sie, wenn die Mutter die Kiste verlässt, ganz schnell sich auf einem Haufen versammeln, um sich gegenseitig zu wärmen.

Auch habe ich beobachtet, dass die Mutter sich bereits nach etwa einer Woche absichtlich nicht zu den Welpen legt, sondern etwas entfernt, damit sie selbst eine kleine Pause hat, und damit die Welpen sich bewegen und den Weg zur Zitze suchen und zurücklegen müssen.

Das ist natürlich nicht nur ganz wichtig für die Verdauung des Welpen, sondern auch für die Muskelbildung. Dadurch wird auch immer wieder die Position an den einzelnen Zitzen neu verteilt. Später kommt es auch vor, dass die satten Welpen liegen bleiben und weiterschlafen und nur die hungrigen Welpen sich auf den Weg zur Mutter machen.

3. und 4. Woche

Nach zwei Wochen öffnen die Welpen die Augen. Das heißt nicht, dass sie deshalb sofort sehen können, aber sie beginnen langsam ihre Umgebung wahr zu nehmen. Nach und nach werden auch laute oder überhaupt Geräusche wahrgenommen.

In dieser Zeit läuft bei uns auch ein Radio oder eine CD mit unterschiedlichen Geräuschen, die die Welpen bereits auf das Leben draußen vorbereiten sollen.

Unsere Akita-Welpen robben nun nicht mehr nur durch die Wurfkiste, sondern fangen auch an zu krabbeln und starten die ersten Gehversuch. In der 4. Woche versuchen sie sich schon vom Schlafplatz zu entfernen, um ihr Geschäft zu erledigen.

Sie interessieren sich für das Futter der Mutter und es ist der richtige Zeitpunkt, sie an Welpenfutter zu gewöhnen. Bei großen Würfen oder Hündinnen mit wenig Milch füttern wir ab dem 20. Tag zu. Bei kleineren Würfen beginnen wir etwas später.

Früher habe ich alle möglichen

unterschiedlichen Fütterungsversuche gemacht, mit vielen verschiedenen Gerichten (Welpenmilch, Quark, Fleisch etc.). Es gab immer eine große Schweinerei und Mutter, Welpen und Wurfkiste mussten anschließend komplett gesäubert werden.

Heute weiche ich das Welpenfutter ein, so dass es fast ein Brei ist und füge etwas Fleisch hinzu. Das Futter verteile ich auf drei oder vier Näpfe und stelle es für die Mutter und die Welpen auf ein Handtuch in die Wurfkiste. So lernen die Welpen von ihrer Mutter das Fressen aus dem Napf.

Schnell versenken sie ihre Mäuler in dem vorbereiteten Futter. Anfangs schlabbern sie nur die Flüssigkeit, verschlucken sich auch gelegentlich und die eine oder andere Pfote landet im Napf. Aber im Wesentlichen geht das sehr gut und nach kurzer Zeit wissen die Welpen genau, wie man schnell den Napf leert.

Nach einigen Tagen verlagere ich dann die Futternäpfe aus der Wurfkiste. So ermutige ich nicht nur die Welpen die Wurfkiste zu verlassen, sondern kann auch den Boden hinterher leichter saubermachen.

Das Füttern verbinde ich immer mit einem Schnalzer. Erstens wissen dann die Welpen sofort, dass es Futter gibt und zweitens ist das eine gute Gelegenheit, die Aufmerksamkeit der Bande auch in Zukunft zu bekommen.

Die erste Wurmkur meist mit Welpan oder Panacur geben wir nach 14 Tagen, dann in regelmäßigen

Abständen alle zwei Wochen. Wir geben sie mit einer Spritze direkt ins Maul. Dadurch kann ich sicher sein, dass jeder auch die richtige Menge erhält.

In der 4. Woche verlassen die kleinen Akitas ab und zu die Wurfkiste. Ich füttere sie dann auch immer außerhalb der Wurfkiste und sie erledigen ihr Geschäft schon meistens draußen.

5. und 6. Woche

Die 4 Wochen alten Welpen bewegen sich jetzt schon ganz sicher auf ihren Beinen. Sie kommen, wenn man sie zum Fressen ruft. In den nächsten Wochen trainieren sie ihre Muskeln und ihre Angriffs- und Verteidigungsfähigkeiten. Sie üben sich im Anschleichen, sie untersuchen jeden neuen Gegenstand auf das Genaueste und haben vor nichts Angst.

In dieser Zeit kann man die Welpen bereits sehr gut auf die eigene Stimme und auf bestimmte Geräusche konditionieren. Unsere Welpen lernen sehr schnell, dass es einen Schnalzer gibt, der ihnen signalisiert, dass das Futter kommt. Wenn in die Hände geklatscht wird, kommen alle Welpen angerannt, weil es Streicheleinheiten und vielleicht ein Leckerli gibt.

Sie verbringen immer mehr Stunden draußen im Garten, um nicht nur die Besonderheiten des Hauses, sondern auch die der Außenwelt mitzubekommen.

Dafür haben wir eigens einen Welpenauslauf, ausgestattet mit einem

Hundehaus, einer Hütte zum Flüchten, wenn ein Schauer kommt oder zum Nickerchen machen, viel Wiese zum Toben und Spielen, Stein- und Holzplatten zum Ausruhen, wenn die Wiese nass ist, einem Tunnel und viel Spielzeug.

Sie lernen auch unsere anderen Hunde kennen und finden schnell heraus, was man darf oder nicht darf. Sie stellen fest, dass es gefährlich sein kann, aus einem fremden Napf zu fressen. Auch sollte kein großer Akita angeknurrt werden, sondern man wirft sich vorsichtshalber auf den Rücken.

Die Akita-Mutter lehrt sie in dieser Zeit, dass man sich schnell im Gras duckt, wenn jemand auf einen zugerannt kommt. Sie zeigt ihnen

das Anschleichen, wovor man sich fürchten sollte und wovor nicht, wie man Gegenstände untersucht und wofür sie nützlich sein könnten, was man fressen kann und was nicht und vieles mehr. Unsere Hündinnen spielen auch gern und ausgiebig mit ihren Welpen, was nicht nur Mutter und Welpen viel Spaß macht, sondern auch uns beim Zuschauen.

Mit großem Bedauern sehe ich immer wieder, wie Akita-Besitzer ihre Hündinnen bereits mit 5 Wochen von den Welpen trennen, damit die Milch schneller versiegt und die Mutter schnell wieder auf Ausstellungen gehen kann.

Das mag vielleicht für das Gesäuge der Mutter gut sein, aber weder für die Beziehung Mutter/Welpe noch für die Erziehung der Welpen bietet dieses Verhalten irgendwelche Vorteile. Denn besonders in dieser Zeit lernen die Welpen sehr viel von der Mutter und eventuell anderen Rudelmitgliedern. Ihnen diese Schule vorzuenthalten halte ich für sehr schade.

Außerdem achtet die Mutter selbst darauf, wenn sie Rückzugsmöglichkeiten hat, dass die Welpen Zeiten alleine verbringen, dass sie immer weniger Gelegenheit haben bei ihr zu saugen und dafür immer mehr von dem angebotenen Futter fressen.

Bei Züchtern, die ihre Welpen früh von der Mutter trennen, sieht man immer wieder, dass die Welpen vielleicht noch fett gefüttert werden, damit sie, wenn sie einmal mit ihrer Mutter zusammen kommen dürfen, nicht bei ihr saugen wollen.

Dieses Fettfüttern ist sehr gefährlich für die weitere Entwicklung des Welpen. Er gewöhnt sich an übermäßiges Fressen und außerdem schadet das zusätzliche Gewicht bei der Entwicklung des Knochengerüsts.

7. und 8. Woche

Im Prinzip verlaufen die 7. und 8. Woche ähnlich wie die zwei Wochen

davor. Nur dass alle Fähigkeiten weiter ausgefeilt werden. Außerdem lernen die Welpen in dieser Zeit das Fürchten. Auf einmal haben manche von ihnen vor einigen Dingen Angst. Jetzt ist es besonders wichtig, sie mit vielen Spielsachen, Gegenständen und Geräuschen zu konfrontieren.

Sie fressen 4 Mahlzeiten am Tag und trinken nur noch selten bei der Mutter. Sie bekommen ihre 3. Wurmkur und werden in der 8. Woche geimpft.

Der erste Besuch beim Tierarzt wird

sorgfältig vorbereitet. Bereits einige Tage vorher unternehmen wir eine Autofahrt zum Park, wo gespielt wird. Dadurch bringen die Akita-Welpen die Autofahrt nicht unbedingt in Verbindung mit einem schmerzhaften Besuch beim Tierarzt.

Dann transportiere ich die Welpen in kleinen Gruppen, von 2 oder 3 Welpen in einer Box und verteile noch ein paar Leckerli in der Box. Somit sind sie auf der Fahrt nicht alleine und mit dem Suchen nach etwas zu Fressen beschäftigt.

Beim Tierarzt angekommen bekommen alle erst einmal eine Streicheleinheit und weitere Leckerli, bevor wir einen nach dem anderen impfen, chippen und Blut abnehmen. Auch danach gibt es wieder etwas Leckeres zur Belohnung für das brave Stillhalten.

Für diesen Tierarztbesuch habe ich immer einen eigenen Termin, so dass Wartezeiten wegfallen und das ganze Tierarztteam nur für uns da ist.

Auch auf der Rückfahrt gibt es wieder Leckerli in der Transportkiste, die die Heimfahrt versüßen. Zuhause angekommen ist die Freude groß, die Mutter und das gewohnte Zuhause wieder zu sehen. Auch die sehnsüchtig wartende Mutter begrüßt ihre Kinder stürmisch. Mit vollem Bauch von den vielen Leckerli (die bei uns grundsätzlich aus Juniorfutter bestehen), machen bald alle ein ausgiebiges Nickerchen nach diesem aufregenden Vormittag.

Langsam bereiten wir die Akita-Kinder auf den Abschied vor. Sie werden an Halsband und Leine gewöhnt. Sie gehen alleine mit einem von uns auf einen kurzen Spaziergang. Sie üben das Autofahren in der Hundebox und sie sind auch schon einige Stunden ohne ihre Mutter. Wir nehmen sie auch gelegentlich, einzeln oder zu zweit mit in die Stadt.

Abgabe

Die Welpen werden nach und nach abgeholt. Für jeden Welpen haben wir eine Mappe angelegt, in der die wichtigsten Unterlagen sind: Welpenbilder, Bilder der Eltern, der Wurfabnahmebericht, der Impfausweis, der Entwurmungspass und Informationen zum Tagesablauf, zum Schlafplatz, zur Erziehung und eine Anmeldung für Tasso (Haustierregister).

Jeder Welpe bekommt eine kleine Grundausstattung mit, bestehend aus Futter mit Messbecher, Kauknochen, Spielzeug, Halsband und Leine und ein Kuscheltuch, das vorher mit dem Geruch der Mutter, den Geschwistern und uns durch Abreiben versehen wurde.

Die Akita-Mutter darf sich von ihren Kindern verabschieden, auch wenn es für sie vielleicht nicht so wichtig erscheint wie für uns. Wenn der letzte Welpe abgeholt ist, darf die Mutter wieder mit ihrem Partner zusammen.

Die nächsten Wochen füttere ich sie noch weiter mit einem Aufbaufutter, bis sie ihre alte Kondition und ihr neues Fell aufgebaut hat. Manchmal

trauern die Mütter auch ihren Kindern nach, aber meist haben sie sich schnell wieder an die Situation mit Partner gewöhnt.

Gelegentlich kommen Hundekinder zu Besuch und sie scheinen sich sehr zu freuen, wieder bei uns zu sein. Die Mütter sind unterschiedlich erfreut. Manche spielen sofort mit ihren Kindern, andere wehren sie erst einmal ab, damit sie nicht versuchen, an die Zitzen zu kommen. Manchmal müssen sie sich erst einer intensiven Untersuchung und Unterwerfung unterziehen, bevor sie mit Mama und Papa spielen dürfen.

5 Erziehung

Der Welpe

Idealerweise beginnt die Erziehung des Akita-Welpen bereits beim Züchter. Dort kann er die Grundbegriffe des Herankommens auf Kommando, Halsbandtraining und erste Leinenführigkeit, Stubenreinheit und Autofahren kennenlernen. Das vereinfacht natürlich die weitere Erziehung für den Welpenkäufer immens. Er muss nicht ganz von vorne anfangen, wie bei einem Welpen, der vielleicht in einem Stall groß geworden ist und dort kaum etwas gelernt hat.

Kommt der Akita-Welpe in sein neues Zuhause, braucht er erst einmal einige Tage, um alles kennenzulernen. Ein Neueinzug – auch für einen erwachsenen Akita – ist die beste Gelegenheit um grundsätzliche Regeln aufzustellen, d.h. was der Hund darf und was er nicht darf, z.B. Knabbern am Teppich oder Sofa, Schlafen auf dem Sofa, Essen vom Tisch etc.

Zeigen Sie dem Hund sofort, wo er fressen und trinken soll, wo sein Schlafplatz ist und wo er sein Geschäft erledigen darf oder soll. Ich empfehle das auch für die nächste Zeit oder vielleicht auch für immer beizubehalten.

Was das Fressen und Trinken angeht, ist das meist recht einfach, da ein gefüllter Wassernapf und die drei- bis viermal zubereitete Mahlzeit für eine Welpennase schnell aufzuspüren sind und dann natürlich auch zukünftig zielstrebig immer wieder aufgesucht werden.

Das hat auch den Vorteil, dass der Welpe das Betteln am Tisch vielleicht gar nicht anfängt oder schnell wieder bleiben lässt.

Der Schlafplatz oder die Schlafplätze können durch einen Korb, eine Matte oder Decke und ein vom Züchter eventuell mitgebrachtes Tuch festgelegt werden.

Diese Plätze sollten zugfrei sein, eine gewisse Zuflucht und eine gute Sicht für den Akita bieten. Eventuell eine Flurecke, aus der die Haustüre oder andere Türen beobachtet werden können, oder eine Wohnzimmerecke, aus der Terrassentüre und/oder Wohnzimmertüre beobachtet werden können. Vielleicht sucht sich Ihr Akita aber auch eine ganz andere Stelle aus, an der die Matte oder Decke zukünftig liegen könnte.

Der Löseplatz oder die Hundetoilette für die erste Zeit sollte möglichst schnell und leicht erreichbar sein. Denn eine Welpenblase ist klein, schnell gefüllt und muss dementsprechend schnell – anfangs alle 2 Stunden – geleert werden.

Nehmen Sie am Anfang den Welpen am besten schnell auf den Arm und bringen Sie ihn zu der Stelle, wo er zukünftig erst einmal sein kleines

Geschäft erledigen soll. Für das große Geschäft können Sie sich auch einen weiter entfernten Platz suchen.

Ist der Akita erst einmal älter, können diese Stellen auch wieder aufgegeben werden. Schließlich dienen sie anfangs nur dazu, die Stubenreinheit des Welpen zu beschleunigen.

Ein Welpe, der beim Züchter bereits stubenrein war, wird das beim Käufer auch bleiben, wenn ihm ausreichend Möglichkeit gegeben wird, sich zu entleeren.

Wenn der Welpe bisher morgens zwischen 5 und 6 Uhr das erste Mal raus durfte, wird er unmöglich stubenrein bleiben können, wenn der neue Besitzer erst um 8 oder 9 Uhr aufsteht. Es sei denn er geht nachts um 1 oder 2 Uhr das letzte Mal mit dem Hund raus. Einen Zeitraum von sechs Stunden in der Nacht können die Welpen in diesem Alter schon aushalten.

Tagsüber sollte der Welpe anfangs alle zwei Stunden heraus gelassen werden, vor dem Füttern und nach dem Füttern, wenn er von einem Schläfchen aufwacht oder nach dem Spiel.

Einige Welpen, vorwiegend Akita-Hündinnen, pinkeln vor Freude, wenn sie ihre Besitzer sehen oder wenn man sie freundlich anspricht. Dafür sollte man sie nicht strafen, denn dadurch wird es nur noch schlimmer. Man sollte sie lieber draußen begrüßen oder ein überschwängliches Verhalten im Haus vermeiden. Meist legt sich diese Angewohnheit, wenn sie älter werden.

Als nächstes gewöhnen Sie den Welpen an die Spaziergänge. Halsband und Leine bedeuten Abenteuer. Gehen Sie anfangs nur kurze Strecken, um dem Akita Welpen die nähere Umgebung zu zeigen. Wichtig ist dabei auch, ihn nicht zu überanstrengen.

Manche Neubesitzer haben sich schon gewundert, dass sich ihr Akita Welpe abends nicht mehr bewegt hat, nachdem sie ihn am Vortag beim

Züchter abgeholt hatten, ihn im Lauf des Tages der gesamten Familie vorgestellt und noch ausgiebige Spaziergänge unternommen hatten. Dies ist abgesehen von viel zu vielen Eindrücken für den Anfang, auch viel zu viel Bewegung. Es gibt eine Faustregel, die besagt, dass der Welpe zunächst nur so viele Minuten pro Spaziergang laufen sollte, wie er Wochen alt ist. Trotzdem kann er ruhig 5 bis 6 kleine Spaziergänge am Tag machen.

Wenn der Akita sich im neuen Zuhause eingelebt hat, sollten Sie ihn dem Tierarzt vorstellen. Dort könnte eine Wurmkur gekauft und der nächste Impftermin vereinbart werden. Mit einigen Leckerli und ein paar Streicheleinheiten wird der Welpe diesen Ort in guter Erinnerung behalten.

Die Zeit bis zur nächsten Impfung sollten Sie nutzen, um den Akita auf die eigene Person, die Familie und die nähere Umgebung zu prägen und zu gewöhnen.

■ Halsband oder Geschirr

Die Frage, ob mein Akita ein Halsband oder ein Geschirr bekommen soll, stellen sich heute viele neue Akita-Besitzer. Einer meiner Hundeausbilder

sagte einmal: „Das Geschirr ist die Entschuldigung des Hundehalters an den Hund, dass er es nicht geschafft hat ihn leinenführig zu machen. Daher kauft er ihm ein Geschirr, dass es nicht so weh tut, wenn der Hund zieht."

Meine Hunde lernen von klein auf, dass sie nicht an der Leine ziehen sollen. Daher hat sich mir die Frage eines Geschirrs nie gestellt. Außerdem habe ich schon einige Hunde mit Haarbruch unter den Achseln oder auf dem Rücken gesehen oder Schürfstellen. Auch beginnen manche Hunde einen Buckel zu machen, weil sie das Geschirr auf dem Rücken stört.

Für mich ist ein Geschirr für Hunde gedacht, die vor dem Wagen oder dem Schlitten laufen. Auch für die Menschensuche ist es gut geeignet. Für den normalen Gebrauch halte ich es eher für hinderlich, da ich keine direkte Einwirkung auf meinen Hund habe.

■ Alleinsein

Der kleine Akita sollte auch lernen kurze Zeit alleine zu bleiben. Je geschickter man dies anstellt, desto leichter ist es für den Hund später einmal auch ein paar Stunden alleine zu bleiben.

Ich habe Welpen anfangs nur einige Minuten alleine gelassen. Der Gang zur Mülltonne, zum Auto, zur Garage, in ein anderes Stockwerk oder in den Keller sind geeignete Übungen, um dem kleinen Akita zu zeigen, dass der Besitzer schnell wieder da ist oder sogar in Sicht- oder Rufweite ist.

Wenn sich der Hund an diese Gegebenheiten gewöhnt hat, können sie auch ausgedehnt werden, z.B. von 2 auf 5 Minuten oder von 5 auf 10 Minuten und immer so weiter.

Will man dann später auch etwas länger weg bleiben, sollte man vorher z.B. einen ausgiebigen Spaziergang machen, den Hund eventuell auch vorher gefüttert haben und ihn mit Spielzeug und/oder Kauknochen versorgt haben. Dann könnte man sich z.B. bei der Nachbarin zum Kaffee einladen und lauschen, ob der Hund weint.

Niemals sollten Sie zurückkehren, wenn der Hund am Jaulen ist, sondern immer einen Zeitpunkt wählen, wo er ruhig ist. Dann streicheln Sie ihn kurz und nehmen den gewohnten Tagesablauf wieder auf. Keinesfalls sollte jedes Mal eine große Begrüßungszeremonie stattfinden, wenn Sie nach kurzer Zeit wieder nach Hause kommen. Das lässt das Weggehen zu einem wichtigen Ereignis werden, was es nicht sein soll. Vielmehr soll es zum normalen Bestandteil des Tages werden, wobei der Akita die Sicherheit bekommen soll, dass der Besitzer selbstverständlich zurück kommt.

Muten Sie dem Akita-Welpen bis zum zweiten Impftermin nicht so viele Hundekontakte zu, da die Gefahr besteht, dass die erste Impfung nicht in allen Teilen wirksam war und der Akita noch nicht genügend Antikörper gegen alle geimpften Krankheiten aufgebaut hat. Leider gibt es selbst in der heutigen Zeit immer wieder Fälle, wo Parvovirose oder Staupe auftauchen und sich ungeschützte Welpen auf Hundewiesen oder in Hundeschulen schnell anstecken können.

Hat dann der Welpe seine Wurmkur erhalten und auch die 2. Impfung und ist fit und gesund, ist er bereit für weitere Kontaktaufnahmen.

■ Sozialisierung

Grundsätzlich ist der Akita-Welpe fröhlich und verspielt und geht auf jeden zu. Die dem Akita zugeschriebenen Eigenschaften, dass er zurückhaltend und reserviert gegenüber Fremden ist, darf für den erwachsenen Hund gelten, auf keinen Fall aber für den Welpen oder Junghund.

Kami versucht einen Vogel zu fangen

Ist Ihr Welpe zurückhaltend oder aggressiv gegenüber Menschen oder anderen Hunden hat er vermutlich Sozialisierungsdefizite, die unbedingt ausgeglichen werden müssen. Eventuell hatte er keine Geschwister und es waren beim Züchter auch sonst keine Hunde für ihn zum Spielen da. Oder er lebt bei Ihnen völlig abgeschieden von anderen Menschen und Hunden.

Noch ist es nicht zu spät, daran etwas zu ändern, aber höchste Zeit. Denn es kann nur schlimmer werden, wenn der Hund in die Pubertät kommt. Sorgen Sie unbedingt dafür, dass Ihr Hund unter Menschen bzw. Hunde kommt. Gehen Sie mit ihm in die Stadt, in den Biergarten, auf die Hundewiese.

Suchen Sie ihm Hundefreunde, die gerne mit ihm spielen wollen, und machen Sie ihm klar, dass Menschen meist nett sind. Lassen Sie Ihre Freunde dem Hund Leckerli geben und sorgen Sie für viele Streicheleinheiten. Das sollte nicht schwierig sein, da der Akita einen natürlichen Streichelappeal hat. Wer ihn sieht, möchte ihn am liebsten anfassen bzw. streicheln.

Glauben Sie bitte nicht, dass Sie Ihrem Hund einen Gefallen tun, wenn Sie seine Untugenden tolerieren und durch Vermeiden kritischer Situationen noch verstärken. Denn sein Verhalten wird sich nur immer weiter verschlimmern.

Ein Welpe, der vor Autos Angst hat, muss vorsichtig an Autos und Straßen gewöhnt werden. Auf keinen Fall sollte er jedoch vor Autos abgeschirmt werden. Wenn er vor Menschen Angst hat, muss er mehr unter Leute. Er sollte nicht zuhause bleiben, weil das für Sie und ihn weniger Stress ist.

Wenn er nicht weiß, wie man mit anderen Hunden spielt, muss er es lernen. Er sollte nicht von anderen Hunden fern gehalten werden. Wenn er Essen vom Tisch stibitzt oder aus der Küche, sollte nicht die Küche abgeschlossen werden, sondern dem Hund beigebracht werden, dass er nichts vom Tisch stibitzen darf.

Sollte er anfangen unbekannte Gegenstände sinnlos anzukläffen, sollte man ihn auf keinen Fall dafür loben, indem man ihm beruhigend den Kopf streichelt. Denn das bedeutet für den Hund, dass sein Verhalten richtig ist. Nein, man sollte ihn lieber aus der Situation herausnehmen und ihm den Gegenstand ruhig zeigen. Für solche Situationen habe ich meine Hündin Shiki als Trainerin. Sie hat vor nichts Angst und ist sehr gelehrig. Es haben sich schon einige Hunde korrektes Verhalten von ihr abgeschaut.

■ Welpenschutz

Kein Welpe hat automatisch Welpenschutz, es sei denn er bewegt sich in seinem eigenen Rudel. Dass ein Welpe auf einer Hundewiese automatisch Welpenschutz hat und nicht von anderen Hunden angegriffen wird, ist ein Ammenmärchen.

Sicherlich greifen erwachsene Hunde normalerweise keine Welpen an. Warum auch, der Welpe ist ja viel schwächer. Aber es gibt auch Ausnahmen. Es gibt nicht sozialisierte Hunde, die einfach überhaupt keine anderen Hunde mögen, Hunde, die schlechte Erfahrungen gemacht haben und kranke Hunde, die vielleicht Schmerzen haben.

Daher ist es immer ein Risiko, einen Welpen auf einen erwachsenen Hund zulaufen zu lassen ohne den Besitzer zu fragen, ob das für ihn und seinen Hund in Ordnung ist.

Der Junghund

Hat sich der Akita Welpe erst einmal in seinem neuen Zuhause eingewöhnt, gibt es einige Rassevertreter, die dann beginnen, Ressourcen zu verteidigen oder die Rangordnung in Frage zu stellen.

Unsichere oder ängstliche Familienmitglieder könnten dann durch Knurren oder Bellen bedroht werden. Weicht dieses Familienmitglied zurück oder lässt sich dadurch beeindrucken, kann dies schlimme Folgen haben.

Als wir unseren Rüden Sashi mit 4 Monaten aus Italien bekamen, stürzte er sich zunächst auf unseren erwachsenen Rüden Tora, der ihn mit wenig Aggression, aber nachdrücklich, auf den Boden drückte und ihm zeigte, wer der Stärkere war. Das war für Sashi eine Lehre, dass er sich besser nicht mit größeren Hunden anlegen sollte, was er auch anschließend nicht mehr gemacht hat.

Außerdem zeigte Sashi gegenüber meiner damals 9-jährigen Tochter Tamara keinerlei Respekt. Vielmehr stellte er sich vor sie und versuchte sie mit Bellen einzuschüchtern. Aufgrund des Alters des Kindes und des Hundes haben wir dann entschieden, eine einfache Lösung zu wählen.

Jedes Mal, wenn Sashi Tamara auffordernd anbellte, sollte sie mit dem Fuß aufstampfen und energisch „Nein“ sagen. Dann würde sie sich umdrehen, den Hund ignorieren und weggehen.

Bei den nächsten Begegnungen tat Tamara genau das, was wir ihr geraten hatten und Sashi war sichtlich beeindruckt. Außerdem ignorierte sie ihn, weil sie sowieso von ihm enttäuscht war.

Bereits nach dem dritten oder vierten Mal begann Sashi verstärkt um ihre Gunst zu buhlen. Er lief auf sie zu, wedelte mit dem Schwanz und brachte ihr seine Spielsachen. Kurze Zeit später wurden sie beste Freunde, auch heute noch liebt er sie von Herzen und versucht sie vor fremden Menschen zu beschützen. Sie haben ein ganz besonderes Verhältnis und Tamara kann alles mit ihm machen.

■ Bedrängen

Die Junghundphase ist eine Zeit, in der manche Akitas beginnen, bestimmte Dinge einzufordern, an die sie sich gewöhnt haben. Leckerli, Futter, Spielzeug etc. Viele Menschen finden es lustig, wenn der Hund sie anbellt, wenn sie etwas in der Hand haben und geben es dann auch bereitwillig her.

Dass das jedoch auch schlimme Folgen haben kann, möchte ich mit folgendem Beispiel schildern.

Vor einigen Jahren bekam ich einen Anruf, dass eine 9 Monate alte Akita-Hündin abzugeben sei, weil sie die Nachbarin bedroht und schließlich gebissen hätte. Den Besitzern wäre geraten worden, den Hund einzuschläfern.

Da ich mir kaum vorstellen konnte, dass es für eine so junge Hündin keine Chance mehr geben sollte, bat ich die Familie, die Hündin zu mir zu bringen.

Die Familie berichtete mir, dass die Hündin bereits als Welpe ein sehr dominantes Verhalten gezeigt hatte und jeden anderen Hund untergebuttert hätte. Außerdem hätte kein anderer Hund in der Hundeschule mit ihr spielen wollen.

Die Besitzer kämen jedoch ganz gut mit ihr zurecht, könnten sie aber nicht mehr behalten, weil sich die ganze Nachbarschaft wegen des Beißunfalls von ihnen abgewendet hätte und ihre Kinder keinen Besuch von anderen Kindern mehr bekämen.

Was war passiert? Die Hündin hatte die Nachbarin immer am Zaun getroffen und dort von ihr Leckerli bekommen. Wenn es einmal nicht schnell genug ging, hatte die Hündin gebellt und schnell gab die Nachbarin ihr etwas oder war in die Küche geeilt, um ein Leckerli zu holen.

Manchmal schnappte die Hündin auch nach der Nachbarin, wenn es nicht schnell genug ging.

Einmal war die Frau dann im Garten und aß selbst ein Brötchen. Da sprang der Hund an ihr hoch, versuchte das Brötchen zu bekommen und als die Frau es ihr nicht geben wollte, biss sie in ihren Arm. Von da an war die Hündin ausgesprochen aggressiv gegenüber der Nachbarin und konnte nicht mehr frei im Garten laufen.

Bei dieser Hündin stellte sich später heraus, dass sie ein hohes Aggressionspotential hatte. Dennoch wäre wohl eine solche Situation zu verhindern gewesen, wenn die Nachbarin gewusst hätte, was sie mit ihrem Verhalten verursacht hatte.

■ Verteidigung von Ressourcen

In die Junghundphase gehört auch, dass der Akita verstärkt beginnt sein Eigentum zu verteidigen. Es sollte ihm gestattet werden, in Ruhe sein Futter zu fressen, einen Kauknochen zu benagen oder seine Spielsachen zu bespielen und zu behalten.

Aber bereits das Stehlen von Essen oder Schuhen und deren anschließende Verteidigung gehören zu den Dingen, die auf keinen Fall geduldet werden sollten. Stellen Sie den Hund sofort, sagen Sie „Aus“ und nehmen Sie ihm den gestohlenen Gegenstand ab.

Auch auf Ihrem Fernsehsessel, dem Lieblingssofa oder dem Bett hat ihr Akita nichts zu suchen, und zwar von Anfang an und für immer.

Sicherlich hat die Mehrzahl der Hundebesitzer kein Problem ihren Hund gelegentlich vom Sofa oder aus dem Bett zu schicken, wenn sie es einmal für sich haben wollen. Aber leider gibt es eine kleine Minderheit von Hundebesitzern, die eines Tages von Ihrem Hund angeknurrt werden, wenn sie sich dem Sofa oder Bett nähern, auf dem der Hund gerade ruht.

Denn der Hund hat beschlossen, dass dieser Platz zukünftig sein Ruheplatz ist und keiner dort etwas zu suchen hat. Hat er sich damit einmal durchgesetzt ist es nicht einfach, ihm das ohne Hilfe eines Hundetrainers wieder abzugewöhnen.

In der Junghundphase achte ich verstärkt darauf, dass unerwünschtes Verhalten konsequent korrigiert oder unterbunden wird. Ich habe festgestellt, dass je früher und konsequenter der Akita seine Regeln kennen und befolgen lernt und weiß, dass sie immer gelten, desto schneller hat er sie auch gespeichert und stellt sie nicht mehr in Frage. Dazu gehört auch das Rückruftraining

■ Rückruftraining

Anfangs ist der Akita Welpe mir vielleicht immer hinterher gelaufen, weil er Angst hatte, dass ich ihn allein lasse. Aber das kann sich schnell ändern, wenn ich immer den gleichen Spazierweg wähle und ich den Hund nicht mit Stimme, Leckerli oder Spielzeug auf mich fixiere.

Dann wird der Junghund irgendwann entscheiden, dass er doch lieber etwas länger an einer Stelle schnuppert und nicht sofort auf das erste

Rufen reagiert oder dass er überhaupt in eine ganz andere Richtung läuft.

Jetzt wird es höchste Zeit, die Taktik zu ändern und auch eventuell mit einer Schleppleine zu arbeiten. Denn hat der Hund erst einmal begriffen, dass er beim Einfangen der Schnellere ist, haben Sie verloren.

Daher sollten Sie auf alle Fälle von Anfang an darauf achten, die Aufmerksamkeit ihres Hundes zu behalten und sein Interesse, zu Ihnen zurück zu kehren. Gelegentlich ist es auch hilfreich, sich hinter einem Baum zu verstecken, wenn der Hund sie ignoriert. Denn sieht er Sie auf einmal gar nicht mehr, wird er ganz schnell werden, um Sie wieder zu finden.

Auch die Schleppleine ist hilfreich, um zu verhindern, dass sich der Hund zu weit von Ihnen entfernt. Indem Sie bei einem bestimmten Abstand auf die Leine treten und „Warten“ rufen, können Sie Ihrem Hund schnell beibringen, welche Distanz für Sie akzeptabel ist.

Die Pubertät

In der Pubertät sind mir mehrere Besonderheiten auch bei einigen meiner eigenen Akita-Rüden und Hündinnen aufgefallen. Gelegentlich kommt es vor, dass Hündinnen in dieser Phase unsicher oder unsicherer werden. Dass sie beginnen, vor Dingen Angst zu zeigen, die sie vorher mit großer Gelassenheit ignoriert haben, dass sie auf einmal Menschenmengen meiden oder vor bekannten Geräuschen erschrecken.

Wie beim Menschen, findet auch beim Hund ein hormoneller Wandel statt. Dabei kann es gerade bei der Hündin zu einer verstärkten Unsicherheit kommen. Umso wichtiger ist es daher, gerade in dieser Phase den Hund immer wieder geduldig mit allen notwendigen Eindrücken vertraut zu machen.

Der Rüde bildet in dieser Phase mehr Testosteron und es kann daher vermehrt zu Aggressionen kommen. Ich habe festgestellt, dass gerade diese Phase, speziell für den Rüden, aber auch für Hündinnen, sehr gut geeignet ist, um mit dem Hund vermehrt Sport zu treiben. Joggen, Walken, Fahrradtraining, Menschensuche, Agility, um nur einige zu nennen.

Besonders in diesem Alter lässt sich der Akita ausgesprochen gut für sportliche Aktivitäten gewinnen und arbeitet meist mit viel Begeisterung – besser als in irgendeiner anderen Altersphase.

Je konsequenter Sie in dieser Phase besonders mit dem Akita-Rüden umgehen, desto leichter haben Sie es in der Zukunft. Denn dies ist die Phase, in der er noch einmal verstärkt alles Gelernte in Frage stellt.

In diesen Altersbereich fällt auch das neue Interesse für das andere Geschlecht, das das Rückruftraining erneut besonders wichtig macht. Auch fangen die Rüden an, andere Rüden zu provozieren, zu dominieren oder Kämpfchen auszutragen. Je mehr Gelegenheit der pubertierende Rüde in seiner Jugend hat, sich mit anderen Hunden auszutauschen, desto glimpflicher werden diese Begegnungen ablaufen. Denn „man“ (der Akita-Rüde) weiß ja, dass das alles nur zum Austesten und nicht böse gemeint ist.

Der erwachsene Akita

Sind alle jugendlichen Phasen erfolgreich abgeschlossen, ist der erwachsene Akita ein angenehmer Hund. Er hat seine tägliche Routinen und alle Regeln gelernt und befolgt sie auch in fast allen Fällen. Auch hat er begriffen, dass Herrchen/Frauchen Aggressionen und Streitigkeiten einfach nicht duldet, und somit kann er überall mit hin genommen werden.

Denn mit seiner Ruhe und Gelassenheit wird er nirgends auffallen und sich nur zu Füßen seines Besitzers legen und geduldig warten, bis dieser aufsteht und mit ihm nach Hause geht. Dann wird er seinem Herrchen/

Frauchen freudig zum nächsten Ort folgen, um dort die gleiche Routine zu absolvieren – ein eingespieltes Team.

Dieses Verhalten wird er beibehalten solange er gesund und in der Lage ist, seinem Besitzer überall hin zu folgen.

Dennoch sollte man auch bei einem gut erzogenen Akita-Rüden oder auch einer Hündin aufmerksam sein, wenn man auf fremde Hunde trifft. Leider haben Akitas wohl eine besondere Art andere Hunde zu fixieren, durch die sich der Andere provoziert fühlt.

Gelegentlich trifft man auf einen fremden Hund, der sofort wie wild anfängt zu bellen. Der eigene Akita bleibt vielleicht sogar ruhig, der Besitzer des fremden Hundes wundert sich und entschuldigt sich für das Verhalten seines Hundes. Sie sollten in diesen Fällen ihren Akita nicht unterschätzen. Bei mancher Gelegenheit hat sich dieser angeblich so brave und ruhige Akita auf sein Gegenüber gestürzt, sobald es die Leine zuließ, um dem offensichtlich frechen anderen Hund eine Lehre zu erteilen.

In solchen Situation kann ich nur empfehlen: Lassen Sie es nicht soweit kommen. Wenn der andere Hundebesitzer seinen Hund nicht zur Ruhe bringt, gehen Sie einfach weiter und lassen Sie die Hunde sich nicht gegenseitig hochschaukeln. Der eigene Hund muss sich nicht unbedingt mit jedem Hund vertragen.

Der ältere Akita

Dem alternden Akita werden Sie selbstverständlich nicht mehr das zumuten, was Sie mit dem jungen Hund gemacht haben. Bedenken Sie, dass auch für den alternden Akita die Nähe zu seinem Besitzer immer noch das Wichtigste ist. Vielleicht wählen Sie gelegentlich eine einfachere oder kürzere Strecke, damit er so oft wie möglich mit dabei sein kann.

Im Alter werden Sie verschiedene Dinge an Ihrem Hund beobachten. Zunächst stellen Sie fest, dass er beim Spaziergang nicht mehr so lebhaft ist, sondern lieber vor sich hinbummelt oder hinter Ihnen hertrottet.

Das Schlafbedürfnis nimmt zu und ich habe häufig das Gefühl, dass der alte Hund tiefer schläft. Auch habe ich beobachtet, dass z.B. unser Rüde Chino, der sonst immer gerne auf den Fliesen lag, im Alter eine weiche Decke vorzog.

Der Akita hört nicht mehr so gut – nicht, dass er vorher immer gut gehört hätte – aber jetzt ist es tatsächlich das Gehör, das schlechter geworden ist und die meisten Hunde entwickeln einen Altersstar, so dass der Blick ein wenig glasig wirkt und auch die Sehfähigkeit eingeschränkt ist.

Dem älteren Akita füttere ich ein anderes Futter und kann auch in vielen Fällen die Futtermenge etwas reduzieren.

6 Leben mit Akitas

Zuhause

■ In der Familie

Der Akita ist gut geeignet als Familienhund. Kommt er als Welpe in die Familie, lernt er schnell, wer dazu gehört. Das können auch ohne weiteres mehrere große und kleine Familienmitglieder oder Großfamilien sein.

Achten Sie darauf, dass alle Familienmitglieder eine ähnliche Erziehung verfolgen. Denn der Akita ist intelligent genug, herauszufinden, wem er sich unterordnen muss und mit wem er seine Spielchen treiben kann. Das kann leicht zu schwierigen, wenn nicht sogar zu gefährlichen Situationen führen. Es kann sogar mit Familienstreitigkeiten enden, oder damit dass der Hund abgegeben wird.

So wurde mir z.B. von einer Familie geschildert, dass der Lebensgefährte der Akita-Besitzerin von Anfang an nicht respektiert wurde. Der Junghund ignorierte seine Befehle. Die Situation eskalierte als der Hund anfing, den Mann anzuknurren, wenn er an ihm vorbei ging oder wenn er sich im Wohnzimmer auf das Sofa setzen wollte.

Ich habe dazu geraten, dass der Lebensgefährte mit dem Hund einen Erziehungskurs machen sollte, um den Umgang mit dem Akita zu lernen. Die beiden haben es auch geschafft und heute kennt der Akita seine Rolle in der Familie und respektiert den Lebensgefährten.

Soweit hätte es jedoch nicht kommen müssen. Hätte der Mann von Anfang an darauf bestanden, dass der Hund das tut, was er sagt, wäre diese Situation nicht entstanden. Ein Akita wird nur dann die Befehle eines Familienmitglieds ignorieren, wenn diese Person bei ihm den Eindruck hinterlassen hat, dass er nicht unbedingt oder nicht immer gehorchen muss.

■ Der Besuch

Besuchssituationen sind im Allgemeinen besondere Situationen, es sei denn sie finden regelmäßig statt. Dann gewöhnt sich der Akita von klein auf daran und betrachtet es als eine normale Situation.

Bekommt man nur selten Besuch, empfindet auch der Akita dies als eine besondere Situation. Dabei ist es möglich, dass der Hund den Besuch als bedrohlich für sich oder seine Familie betrachtet.

Gestalten Sie jede Besuchsituation so, dass der Akita erkennt, dass es eine positive Situation ist. Der Besuch wird zum Beispiel freundlich begrüßt oder umarmt und es wird ihm ein Platz angeboten. Damit wird dem Hund signalisiert, dass die Gäste willkommen sind und bleiben dürfen.

Leben Sie auf dem Land und bekommen nur ganz selten Besuch, dann sollten Sie diese Situationen unbedingt mit dem Hund üben, um zu vermeiden, dass er später jeden Besucher als Bedrohung sieht.

Auf den Besucher und besonders auf kleine Kinder sollten Sie ein gutes Auge haben. Fühlt sich der Hund durch den Besucher bedroht, weil dieser ihn ständig anstarrt oder ihm viel zu nahe kommt, sollte man den Gast darauf hin weisen. Sind Kinder zu Besuch, die den Hund ständig im Fell zupfen oder ärgern, sollte man den Hund zu seinem eigenen Schutz

besser in ein anderes Zimmer bringen, damit keine kritische Situation entsteht. Schließlich will man weder die Freunde verlieren, noch dass der Hund geärgert wird.

Ich hatte einmal eine Familie zu Besuch, die es ganz normal fand, dass die Kinder an meinen Akitas zerrten und dass sie ihnen Gummibärchen zusteckten.

Nachdem ich den Eltern und den Kindern erklärt hatte, dass Akitas keine Stofftiere sind und auch keine Gummibärchen essen und trotzdem keine Änderung eintrat, nahm ich meine Hunde an die Leine. Ich schimpfte mit ihnen, dass sie Gummibärchen gegessen hatten und brachte sie in den Zwinger und verschloss ihn.

Die Leute waren sehr erstaunt und die Kinder baten mich, die Hunde wieder rauszuholen. Ich erklärte ihnen, dass die Hunde böse gewesen wären, weil sie die Gummibärchen gefressen hatten, obwohl ich es verboten hatte.

Ich weiß nicht, ob diese Familie etwas aus diesem Erlebnis gelernt hat. Jedenfalls meinen Hunden hat es nicht geschadet. Im Gegenteil, sie waren offensichtlich erleichtert, dass sie jetzt ihre Ruhe hatten und an ihrem Kauknochen nagen konnten und ich musste mich nicht weiter über so ein unvernünftiges Verhalten ärgern. Außerdem konnte ich dadurch verhindern, dass es zu einer Auseinandersetzung kam.

■ Der Futterplatz

Der Futterplatz des Hundes sollte idealer Weise in der Küche oder an einer abgelegenen Stelle sein. Was bei den meisten Akitas kein Problem darstellt, nämlich dass jemand an seinen Futternapf geht, kann bei einzelnen Hunden zu einem richtigen Problem führen, wenn sich ein Fremder seinem gefüllten Futternapf nähert.

Ich persönlich sorge bei solchen Hunden dafür, dass sie in Ruhe fressen können und nehme anschließend den Futternapf weg, um jeglichen Futterneid oder eine Verteidigungssituation zu vermeiden.

■ Der Schlafplatz

Erfahrungsgemäß akzeptiert der Akita-Welpe oder Akita-Neuzugang nur selten den ihm hergerichteten Schlafplatz. Ein mit Hundebett oder Hundedecke vorbereiteter Platz wird häufig verschmäht und stattdessen eine ganz andere Ecke gewählt.

Das kann verschiedene Gründe haben. Entweder ist der Platz mit Kissen und Decken zu warm oder zu überladen oder er bietet dem Hund nicht genug Rückzugsmöglichkeiten oder nicht ausreichend Übersicht über die Wohnung. Denn der Akita sucht sich meist einen „strategischen Ort“ von dem er alles überblicken kann.

Manche Akitas wählen auch mehrere Plätze im Haus oder in der Wohnung aus, eventuell einen für den Tag und einen für die Nacht.

Bei uns liegen die Hunde tagsüber immer in dem jeweiligen Raum, in dem wir uns befinden und nachts schlafen sie im Flur mit Sicht auf die Haustüre und auf die Treppe, die zu unseren Schlafräumen führt. Somit haben sie genau im Auge, wann die Zeitung morgens kommt und wann wir aufstehen.

Manche Akitas schlafen auch im Schlafzimmer oder im Bett. Abgesehen davon, dass bei manchen Familien eventuell der Partner nicht vollständig respektiert wird und daher der Hund vielleicht besser nicht im Schlafzimmer nächtigen sollte, sind manche Schlafzimmer für Hunde auch einfach zu warm. Halten sich mehrere Akitas dort auf, kann es auch gelegentlich ganz schön unruhig sein, wenn sich die Hunde einen anderen Platz suchen.

Bei einem neuen Welpen oder bei einem Wurf schlafe ich einfach die erste Zeit im Hundezimmer, damit sich der Welpe an sein neues Zuhause gewöhnt. Manchmal reicht es aber auch, dass der Welpe mit ein oder zwei erwachsenen Hunden zusammen übernachtet und dadurch seine Angst vor dem Alleinsein verliert.

Im Übrigen werden Sie, wenn Sie ihn genau beobachten, schnell herausfinden, wo Ihr Hund am liebsten schläft und ihm dort eine bequeme und praktische Hundedecke hinlegen.

Der Alltag

■ Mit Partner

Bei Partnern unterscheiden wir zwischen menschlichem Partner und Zweithund. Kommt ein menschlicher Partner dazu, muss er natürlich auch erst das Vertrauen des Akita gewinnen und seinen Respekt.

Das gelingt am besten, wenn der neue Partner einige der für den Akita schönen Aufgaben übernimmt, z.B. das Füttern, den Spaziergang, Spiel und Sport. Erst wenn er das Vertrauen des Hundes gewonnen hat, sollte er auch die eventuell unangenehmen Dinge übernehmen, wie z.B. Krallen schneiden, Baden oder Bürsten.

Achtung: Auch ein Akita kann eifersüchtig auf den neuen Partner sein! Eifersucht fördernde Handlungen würde ich am Anfang in Anwesenheit des Hundes vermeiden.

Kommt ein Zweithund ins Haus, sollte man sich darüber im Klaren sein, dass zunächst die Rangordnung unter den Hunden geklärt wird. Das kann sofort passieren, beim ersten Spaziergang oder Füttern, beim Spielen oder Sport oder bei der Wahl des Schlafplatzes, heftig oder harmlos. Es kann jedoch auch später oder nie passieren.

Manche Hunde machen es mit Körpersprache und Gestik untereinander aus, andere benötigen dafür eine heftige oder weniger heftige Auseinandersetzung.

Ein neuer Welpe integriert sich meist schnell, vorausgesetzt, der Ersthund ist gut mit anderen Hunden sozialisiert. Hatte er überhaupt keine oder wenig Kontakte zu anderen Hunden und kommt dann ein Welpe dazu, muss er eventuell erst einmal wieder die „Hundesprache" lernen. Das Gleiche könnte für einen verwöhnten „Einzelwelpen" gelten.

Achten Sie jedoch zunächst darauf, dass Streitobjekte (Futter, Spielzeug, Decken) verschwinden, kann es dennoch recht schnell gehen, dass sich auch solche Sonderfälle zusammenraufen.

Wichtig ist in allen Fällen, dass der Mensch die Rangordnungsfindung nicht unnötig erschwert oder verhindert, indem er immer wieder Partei für den Schwächeren ergreift. Denn dann dauert es umso länger, bis die beiden Hunde eine soziale Ordnung gefunden haben, in der sich beide wohl fühlen.

■ Im Rudel

Kommt ein neuer Hund in ein Rudel oder in eine Gruppe, muss er sich möglicherweise mit jedem einzelnen Hund auseinandersetzen. Das kann eine langwierige Angelegenheit werden, dauert manchmal auch nur einige Tage.

Auch dabei ist es besonders wichtig, dass der Mensch nicht unnötig eingreift. Man kann oder sollte zwar besonders heftig reagierende Hunde zügeln, jedoch auf keinen Fall den Schwächeren stärken. So erhält man meist recht bald ein funktionierendes Rudel.

Zusätzlich können Sie solche Situationen entspannen, indem Sie die Hunde sich erst einmal einzeln kennen lernen lassen. Dann wird die Gruppenreaktion entspannt, weil jeder den neuen Hund schon kennt und sich nicht alle sofort gemeinsam auf ihn stürzen.

Genauso wurde es gehandhabt, als einer meiner Akita-Welpen zu einer Samojeden-Familie kam. Er durfte zuerst den Jungrüden kennen lernen und dann nacheinander die erwachsene Hündin und den erwachsenen Rüden. Anschließend konnten alle vier Hunde im Garten spielen und toben, ohne dass es zu einer Auseinandersetzung kam.

■ Mit anderen Haustieren

Befinden sich bereits andere Haustiere – Katzen, Kaninchen, Meerschweinchen oder Hamster – in der Familie, oder kommt der kleine Akita sogar auf einen Bauernhof mit vielen anderen Tieren, sollten Sie sich keine großen Sorgen machen. Der kleine Hund lernt schnell die Sprache der anderen Haustiere und wird sich mit ihnen arrangieren.

Dennoch sollten Sie für die Katze eine Rückzugsmöglichkeit schaffen, die der Hund nicht erreichen kann, wenn sie ihre Ruhe haben möchte.

Lassen Sie auch Kaninchen oder Frettchen nicht unbedingt mit dem Akita alleine. Denn schließlich wurden die Vorfahren Ihres Hundes zur Jagd eingesetzt und dieser Jagdtrieb ist in manchen Akitas noch sehr gut ausgeprägt.

Ergreift nämlich das andere Haustier – aus irgendeinem Grund – die Flucht, könnte dieser Jagdtrieb leicht ausgelöst werden: der Akita versucht das Kaninchen zu erhaschen. Das kann für das Kaninchen oder Frettchen lebensbedrohlich werden.

■ Mit Kindern

Der Akita ist ein Familienhund und – aufgrund seiner hohen Reizschwelle – sehr gut für Familien mit Kindern geeignet.

Trotzdem sollten Sie nicht vergessen, dass ein Hund wie ein Hund spielt und nicht wie ein Mensch. Wenn zwei Hunde miteinander toben, kneifen sie sich gegenseitig in den Hals und ziehen und zerren aneinander. Wenn das ein Akita-Junghund bei einem kleinen Kind macht, kann dies schnell zu Bissverletzungen führen.

Hat ein Kind einen Hund lieb, möchte es den Hund wie einen Teddy in den Arm nehmen und wird dabei möglicherweise so überschwänglich, dass sich der Hund bedrängt fühlt und sich wehrt.

Hier ein Beispiel mit meiner Tochter Tamara und unser Hündin Banira. Banira lag auf dem Boden und schlief. Tamara, etwa neun Monate alt, krabbelte auf sie zu und nahm sie ganz fest in den Arm. Ich hörte aus der Küche nur das Keuchen des Hundes und konnte Banira schnell aus dieser Situation erlösen. Ich weiß nicht, was passiert wäre, wenn ich nicht dazu gekommen wäre. Irgendwann hätte sich Banira vielleicht gewehrt.

Auch sind Kinder manchmal gelangweilt und fangen dann an, den Hund zu ärgern. Sie zupfen und zerren an ihm oder schubsen ihn. Normalerweise warnt der Hund durch ein Knurren. Hört das Kind nicht auf, kann auch diese Situation zu Bissverletzungen führen.

Es liegt in unserer Verantwortung als Erwachsene unsere Kinder und Hunde vor missverständlichen und somit auch gefährlichen Situationen zu schützen.

Ein Kind darf nie mit einem Hund alleine gelassen werden, das gilt auch für den Akita. Denn er wächst zu einem großen und kräftigen Hund heran, der bald stärker ist als Ihr Kind.

Beim Spaziergang

Wenn ich mit einem einzelnen Akita spazieren gehe, lasse ich ihn soweit möglich und erlaubt frei laufen. Begegnet uns ein fremder Hund, rufe ich meinen Hund zu mir und bespreche mit dem anderen Hundebesitzer, ob die beiden miteinander spielen dürfen.

In einigen Fällen (zwei dominante Rüden, eine läufige Hündin, ein verletzter oder kranker Hund) ist es ratsam, die Hunde nicht aufeinander treffen zu lassen und weiterzugehen. In anderen Fällen könnte die Begegnung eine gute Übung sein.

Leider ist dies nur die Theorie. Viele Leute lassen ihre Hunde ohne Leine laufen, obwohl Leinenpflicht herrscht und obwohl sie wissen, dass ihr Hund ihnen nur in manchen Fällen gehorcht. Das halte ich für sehr rücksichtslos, unverantwortlich und gefährlich. Denn genau in diesen Situationen kommt es zu ungewollten Deckakten, Beißereien, Hunden, die hinter Hasen und Rehen herlaufen und anschließend vielleicht noch von einem Auto angefahren oder überfahren werden. Daher gehören für mich Hunde, die sich nicht sicher abrufen lassen, zumindest an die Schleppleine.

Mit oder ohne Leine

Wenn möglich lasse ich meine Akitas, wenn sie gehorchen, auch ohne Leine laufen. Ein Hund ohne Leine fühlt sich bei weitem nicht so stark wie einer mit Leine, der sein Herrchen hinter sich weiß. Andererseits sollte man jederzeit in der Lage sein, seinen Hund zu sich zu rufen.

Sind Sie sich dessen nicht ganz sicher, gibt es die Möglichkeit der Schleppleine. So kann der Hund einerseits frei laufen und andererseits können Sie ihn jederzeit zu sich rufen.

■ Beißereien

Auch bei Akitas kommt es gelegentlich zu Beißereien. Dabei ist nicht jeder Zusammenstoß gleich. Manchmal streiten sich zwei Hunde um einen Gegenstand, Spielzeug oder Futter. Dann ist die Beißerei meist sofort beendet, wenn der Stärkere seine Beute erhascht oder erfolgreich verteidigt hat und damit von dannen zieht.

Gelegentlich weisen erwachsene Akitas jüngere oder lästige Hunde in ihre Grenzen. Dabei wird der andere Hund vielleicht auf den Boden gedrückt oder gepackt und festgehalten. Auch diese Zwischenfälle sind fast immer schnell geklärt und sind nicht wirklich gefährlich.

Anders ist es, wenn zwei Hunde aufeinander treffen, die sich nicht leiden können. Nachbarhunde, die sich schon durch den Zaun immer anmachen, Deckrüden oder Zuchthündinnen, die beim Züchter im Zuchteinsatz und gleichzeitig in Konkurrenz stehen.

Bei solchen Situationen kann es tatsächlich um Leben und Tod gehen. Auch wenn ich ein solches Zusammentreffen mit aller Kraft und allen Vorsichtsmaßnahmen zu verhindern versuche, sollte ich dennoch darauf vorbereitet sein, wenn es tatsächlich zu einem Vorfall kommt.

Bin ich alleine, ist es natürlich deutlich schwieriger, die Hunde in den Griff zu bekommen. Ich würde versuchen, eine zweite Person hinzuzuholen. Ist das nicht möglich, versuche ich von hinten einen der beiden Hunde an einen Gegenstand heranzuziehen, an dem ich ihn festmachen kann. Dann ziehe ich, erneut von hinten, den zweiten Hund entweder an der Leine oder an den Hinterbeinen vom Gegner weg.

Sind wir zu zweit, holen wir beide Hunde an den Hinterbeinen aus der Situation heraus und bringen sie dann schnell in verschiedene Richtungen weg.

Nie gehe ich zwischen zwei beißende Hunde, denn die Gefahr ist einfach zu groß, dass die Hunde in ihrer Rage auch mich beißen.

Daher sollten Sie immer vermeiden, nahe an einem Erzfeind Ihres Hundes vorbeizugehen. Denn schnell kann es die eigene Hand sein, die dazwischen ist, wenn sich Ihr Hund aufregt.

Auch führe ich nie zwei Hunde nebeneinander, wenn sie einem ungeliebten Artgenossen begegnen. Denn dabei kann es sogar passieren, dass sich die eigenen Hunde in ihrer Wut aufeinander stürzen.

■ Im Restaurant

Gehen wir in ein Restaurant, nehmen wir auch meist einen oder zwei unserer Akitas mit. Das ist bei unseren Hunden auch gut möglich, da sie meist sofort unter dem Tisch verschwinden und erst wieder auftauchen, wenn der Kellner die Rechnung bringt und wir zum Aufbruch rüsten.

Grundsätzlich halte ich den Restaurantbesuch für ein gutes Training, besonders für junge Hunde. Ich achte immer darauf, dass der Hund dem Kellner und den anderen Gästen nicht im Weg liegt, und dass er auf keinen Fall bettelt.

Wichtig ist, dass keine anderen Hunde in der Nähe liegen, mit denen es eventuell eine Auseinandersetzung geben könnte.

Einen solchen Fall hatten wir bei einem Akita-Stammtisch am Baldeneysee in Essen. Wir saßen alle gemütlich an einem großen Tisch mit Sonnenschirm draußen und genossen unser Eis in großen Eisbechern. Währenddessen hatten sich zwei Akita-Rüden unter dem Tisch gegenseitig ausgeguckt und es baute sich eine Spannung auf, die aber keiner mitbekam.

Plötzlich sprangen beide Hunde auf und aufeinander zu. Der Son-

nenschirm flog in die Luft, der Tisch, die Stühle und das Eis durch die Gegend, und es kam zu einem großen Tumult. Die Besitzer konnten Gott sei Dank die Hunde halten, so dass es zu keiner Beißerei kam, aber es war ein großes Chaos und kaum ein Eisbecher blieb heil.

Daraus habe ich gelernt, dass ich auch bei einem Restaurantbesuch immer meinen Hund unter Aufsicht habe und genau beobachte, ob sich andere Hunde in der Nähe befinden, mit denen es zu irgendeinem Zusammenstoß kommen könnte.

■ In der Stadt

Der Gang in die Stadt ist auch für den Akita eine wichtige Übung. Selten gehe ich in wirklich laute Ecken, auf die Kirmes oder auf den Markt mit dem Hund, denn ich denke, das kann schnell zu einer Stresssituation ausarten. Wie auch für den Menschen kann ein lauter Kirmesbesuch mehr Stress als Vergnügen bedeuten.

Aber der normale Besuch in der Buchhandlung, im Kaufhaus oder sonstigen Geschäften, der Gang zum Bahnhof oder zum Bus gehören für mich beim normalen Training dazu. Dadurch steigere ich nicht nur die Selbstsicherheit des Hundes, sondern trage dazu bei, dass er in Zukunft alle diese Situationen gelassen meistert.

■ Im Geschäft

Genauso wie kleine Kinder im Laden nicht alles anfassen sollten, können Sie auch Ihrem Hund beibringen, nicht an allen Gegenständen im Geschäft zu schnuppern. Es soll ja nichts herunterfallen oder zu Bruch gehen. Daher halte ich es für wichtig, dem Hund im Laden beizubringen, an kurzer Leine vorsichtig an Gegenstände heranzugehen. Auch dieses Training ist wichtig und gut für den Hund.

■ Auf Reisen

Gehen wir auf Reisen, bekommen unsere Hunde meist vor der Abreise keine Mahlzeit, wobei das auch von Hund zu Hund verschieden ist. Manche vertragen das Autofahren hervorragend und können ohne weiteres gefüttert werden. Andere bekommen vorher überhaupt nichts, da ihnen sonst bereits nach kurzer Zeit schlecht wird.

Wir transportieren unsere Akitas fast ausschließlich in Hundeboxen im Kofferraum. Dort werden die Boxen festgemacht und weder der Hund noch die Box können durch die Gegend schleudern.

Seit ich einmal von einem ungesicherten Hund auf der Rücksitzbank gehört habe, der bei der Vollbremsung seines Frauchens nach vorne geschleudert wurde, dem Frauchen das Genick brach, dann weiter durch die Scheibe flog und anschließend auch verstarb, habe ich nie wieder einen Hund auf der Rücksitzbank – zumindest nicht ungesichert – transportiert.

Unternehmen wir längere Fahrten, habe ich immer einen Wassernapf und Wasser dabei. Außerdem halten wir in regelmäßigen Abständen und verschaffen Mensch und Tier eine Toiletten- und Bewegungspause.

Außerdem gibt es bei uns – besonders im Sommer – auch keine offenen Fenster im Auto während der Fahrt. Denn genauso wie der Mensch kann auch der Hund Zug bekommen und mit tränenden Augen am Urlaubsort ankommen.

Auf der Ausstellung

Wenn wir auf Ausstellungen gehen, was bei uns recht häufig vorkommt, nehme ich eine umfangreiche Ausstattung für meine Akitas mit. Neben Impfausweis und Meldebestätigung habe ich Wasser und Napf, Leckerlis und Bürste, Hundebox und Decke, Halsband und Leine, sowie Vorführleine dabei. Die Sicherheitsnadel für die Startnummer darf natürlich auch nicht fehlen.

Vor der Ausstellung habe ich mit dem Hund das Traben an lockerer Leine links neben mir geübt. Er hat gelernt, eine Gebisskontrolle und ein Abtasten des Körpers ruhig über sich ergehen zu lassen und eine gewisse Zeit zu stehen, so dass der Richter sein Gebäude, sein Gangwerk und sein Verhalten beurteilen kann.

Den Besuch der Ausstellung versuche ich so angenehm wie möglich für meinen Akita zu gestalten, denn ich möchte ja, dass er auch beim nächsten Mal genauso freudig mit mir mitgeht. Dazu gehören Anreise mit Pause, reichlich Bewegung vor und während der Ausstellung, gutes Timing, ruhiges und gelassenes Bewegen zum Ausstellungsring. Dann suchen wir eine Ecke, die ein wenig ruhiger ist, wir üben kurz im Ausstellungsring und lassen dann den Hund gemütlich bis zu seinem Auftritt schlafen.

Vor dem Vorführen gehen wir noch einmal zum Löseplatz und es wird noch einmal kurz übergebürstet. Ganz egal wie die Beurteilung des Hundes aussieht, er bekommt ein großes Lob, wenn er brav mit mir den

Ausstellungsring wieder verlässt. So kann ich mir fast sicher sein, dass er den Tag in guter Erinnerung behält und das nächste Mal seine Sache wieder genauso gut macht.

Bin ich aufgeregt und zerre ständig an der Leine meines Hundes, wird auch mein Hund unsicher und hat ganz sicher keinen Spaß an dieser Veranstaltung. Auch beim nächsten Mal wird es nicht besser, weil mein Hund die negative Erinnerung vom letzten Mal hat und sich noch schlechter zeigt als zuvor.

■ Am Arbeitsplatz

Bin ich in der glücklichen Lage, dass ich meinen Akita mit zur Arbeit nehmen darf, sollte ich zwei Dinge beachten. Einerseits sollte mein Hund einen Platz haben, an den er sich zurückziehen kann und andererseits sollte dieser Platz so gewählt sein, dass der Hund nicht im Weg herumliegt und die Kunden stört.

Mit dieser Wahl mache ich nicht nur meinen Hund glücklich, sondern auch meinen Chef und die Kundschaft zufrieden.

Gestalten Sie eine Pause so, dass der Hund an die frische Luft kommt und genügend Auslauf hat – das ist auch für Sie besser als eine Pause auf dem Bürostuhl.

Den Hund zum Arbeitsplatz mit zu nehmen hat zwei Vorteile. Einerseits kann ich viel Zeit mit meinem Hund verbringen, andererseits kommt mein Akita unter Leute und lernt oder gewöhnt sich daran, dass er mit unterschiedlichen Eindrücken konfrontiert wird: mit vielen Kunden, mit unterschiedlichen Geräuschen, anderen Tieren, Maschinen oder Autos.

7 Der Akita in der Ausbildung

Jeder Hund sollte erzogen werden und ganz besonders auch der Akita. Der Akita ist ein dominanter Hund, der – wenn er nicht erzogen ist – nicht nur anderen Hunden auf der Nase herumtanzen kann, sondern auch seiner Familie. Die Erziehung kann also nicht früh genug einsetzen.

Meine Töchter beginnen schon dem sechs Wochen alten Welpen spielerisch das Sitzen beizubringen, indem sie ihm ein Leckerli vor die Nase halten, so nah, dass er sich am besten dazu hinsetzt, was er dann auch macht. Dafür loben sie ihn und er bekommt auch das Leckerli.

Wenn wir das Halsband und die Leine anlegen, versuchen wir – natürlich auch spielerisch – dass der Welpe auf der linken Seite neben uns herläuft.

Natürlich wird er erst an das Halsband gewöhnt und dann an die Leine, bevor wir das Laufen üben.

Auch bei dieser Aufgabe ist ein Leckerli immer von großem Nutzen. Dabei ist es hilfreich, auch die Mutter an die Leine zu nehmen und eventuell nebenher zu führen, denn die Welpen schauen sich sehr viel von der Mutter ab, und wenn diese locker und gelangweilt an der Leine läuft, vereinfacht das das Lernen sehr.

Wir haben einen Lockruf und einen Futterschnalzer, mit dem das Herankommen trainiert wird. Wichtig ist, dass der Welpe dabei jedes Mal gelobt oder belohnt wird, so dass es für ihn ganz wichtig ist, zu uns zu kommen, wenn dieser Lockruf oder Futterschnalzer ertönt.

Das sind alles Übungen, die bereits beim Züchter gestartet werden können und nachher beim Neubesitzer gefestigt und verfeinert werden sollten. Ob in der Hundeschule oder Zuhause, ob im Wald oder in der Stadt, man sollte diese Übungen regelmäßig, mit oder ohne Ablenkung trainieren, so dass es für den Welpen eine Selbstverständlichkeit wird, sie auszuführen.

Wichtig ist dabei aber auch, dass sie zwar regelmäßig wiederholt werden, aber nicht zu häufig nacheinander. Denn wer den Akita kennt, weiß, dass er zwar schnell lernt, aber ein unwilliger Wiederholer ist. Daher sollte man die Übungen lieber zwei Mal am Tag machen, als fünf Mal nacheinander.

Welpenspielgruppe

Es ist mittlerweile große Mode geworden, dass in Hundeschulen auch Welpenspielgruppen angeboten werden. Es ist an sich eine sehr gute Sache, dass gleichaltrige Hunde die Möglichkeit bekommen, miteinander zu spielen. Dabei sollte man jedoch bestimmte Regeln befolgen.

Zunächst muss es, genauso wie im Kindergarten oder in der Schule, jemanden geben, der die Aufsicht führt und darauf achtet, dass es beim Spielen fair zu geht und nicht gemobbt wird. Schnell kristallisieren sich dominante Vertreter heraus, die sich immer wieder die gleichen Opfer suchen und über diese herfallen.

Wenn solche Situationen nicht verhindert werden, bringt die Welpenspielgruppe mehr Schaden als Nutzen für den Welpen, denn der eine Hund geht nach Hause mit dem Gefühl, dass er jedes Mal verhauen wird und der andere Welpe geht immer als Sieger nach Hause. Das ist für die weitere Entwicklung nur negativ.

Manche Akitas zählen leider bereits in diesem Alter auch zu denjenigen, die sich gerne mit anderen dominanten Welpen auf ein Kämpfchen einlassen. Das Kräftemessen an sich ist nichts Schlimmes, solange es jemanden gibt, der eine wirkliche Rauferei verhindert und die Kontrahenten mit friedlicheren Hunden zusammenbringt.

Ich habe festgestellt, dass die meisten Akita-Welpen am besten mit Welpen harmonieren, die gerne Laufspielchen machen, also Fangen spielen. Dabei steht dann das Laufen und die Bewegung im Vordergrund und nicht das mit einander Rangeln.

Eine gute Welpenspielstunde sollte folgende Voraussetzungen erfüllen:

- nicht zu viele Welpen
- unterschiedliche Rassen
- unterschiedliche Charaktere
- nicht nur Welpenspiel
- eine sich bewegende Menschengruppe und
- eine Aufsichtsperson, die genau weiß, zu welchem Zeitpunkt sie eingreifen muss, um ein unnötiges Unterdrücken eines Spielpartners oder ein ständiges Dominieren eines anderen Spielpartners zu verhindern.

Wenn man solch eine Hundespielstunde nicht finden kann und der eigene Hund eher schlechte Erfahrung macht, dann ist es besser, er geht gar nicht dorthin und man trifft sich mit Hunden aus der Nachbarschaft zu regelmäßigen Spaziergängen.

Dabei kann der Akita nicht nur die Besonderheiten der unterschiedlichen Rassen und Charaktere kennen lernen, sondern sich auch mit Rüden und Hündinnen unterschiedlichen Alters auseinandersetzen, die vielleicht aktiver oder ruhiger sind als er selbst und damit eine große Lernbandbreite für den Akita Welpen bieten.

Eine Welpenspielgruppe sollte aber auf jeden Fall erst besucht werden, wenn der Welpe seine zweite Impfung erhalten hat. Vorher hat er möglicherweise noch nicht seinen vollständigen Impfschutz und ist daher eventuell anfällig für die Übertragung von Krankheiten.

Hundeschule

Die Hundeschule ist in erster Linie ein Ort, wo auch dem Menschen beigebracht wird, wie er seinen Hund schult. Denn das Trainieren mit dem Hund sollte jeden Tag zuhause und unterwegs passieren. Der Hundetrainer in der Hundeschule gibt dem Besitzer nur die passenden Tipps, um bestimmte Lernziele zu erreichen oder Unarten abzustellen. Außerdem überprüft er den Lernstand des Hundes.

Mit meinem Rüden Chino habe ich mich einmal zu einer speziellen Hundeschule angemeldet, weil er partout nicht kam, wenn ich ihn rief und er abgelenkt war.

Ich fuhr zu der Hundeschule und sprach mit dem Trainer. Eigentlich war ich recht stolz auf Chino, weil er ansonsten sehr gut gehorchte, bei Fuß ging, Sitz und Platz machte und ich ihn auch ablegen und absetzen konnte, weggehen konnte, ihn heran rufen oder wieder abholen konnte.

Das zeigte ich alles dem Trainer, der auch einigermaßen beeindruckt war. Dann fragte er mich, warum ich denn dann überhaupt gekommen wäre. Ich sagte, dass das Herankommen unter Ablenkung eigentlich das Wichtigste für mich wäre, da ich Chino ansonsten nicht sicher ohne Leine laufen lassen könnte.

Er gab mir Recht und sagte, dass diese Übung tatsächlich auch für jeden Hund eine der wichtigsten wäre.

Wir übten das Herankommen und ich lernte, dass Chino sich – auch unter Ablenkung – bis auf eine bestimmte Distanz gut abrufen ließ. Wurde dieser Abstand überschritten, kam es auf die Ablenkung an, ob er wieder zurück kam oder nicht.

Daher gewöhnte ich mir an, wenn immer ich ihn frei laufen ließ, ihn warten zu lassen oder zurück zu rufen, wenn dieser Abstand zwischen ihm und mir erreicht war. Ich hatte etwas Wichtiges gelernt und unsere Zusammenarbeit klappte viel besser als zuvor.

Hundeschule ist nicht gleich Hundeschule. Es gibt ausgezeichnete Hundeschulen mit vorzüglich geschulten Trainern, die Unterschiede zwischen den einzelnen Rassen und Hunden machen und auf jedes Tier individuell eingehen und es gibt solche, die weder das eine noch das andere aufweisen.

Gelegentlich hört man in Hundeschulen, dass ein Akita nicht erziehbar ist. Das ist natürlich nur eine Ausrede dafür, dass der Hundetrainer sich nicht in der Lage fühlt, einen Akita zu erziehen. Diese Hundeschule ist eindeutig nicht die Richtige für Sie und Ihren Hund.

Häufig hört man jedoch auch, dass der Ausbilder sagt, dass er gerne Akitas ausbildet, weil sie so schnell lernen, er andererseits wahrscheinlich sein Programm variieren muss, weil sie auch schnell gelangweilt sind und dass man vielleicht einfach ein bisschen vorsichtig mit anderen dominanten Hunden sein sollte. Das ist sicherlich eine Hundeschule, die Sie mit Ihrem Hund besuchen können, da der Ausbilder die Besonderheiten der Rasse erkannt hat und vermutlich in seinem Erziehungsprogramm berücksichtigen wird.

Für den Ausbilder gilt es nun eine Gruppe zu finden, in die der Akita gut passt. Gut geeignet ist meist eine gemischte Gruppe aus Rüden und Hündinnen, großen und kleineren Hunden, von denen keiner übermäßig dominant ist. Dann lässt sich nämlich auch ein freies Spiel vor oder nach dem Training ermöglichen.

Außerdem bevorzuge ich Hundeschulen, wo der Übungsort nicht immer nur das Gelände der Hundeschule ist, sondern auch in der Stadt, am Bahnhof, am Hafen, im Bus, im Zug, auf dem Schiff, im Wald, im Tiergarten, am Flughafen etc., trainiert wird.

Denn meist ist nicht der Gehorsam des Hundes das Problem, sondern das Üben unter Ablenkung auf unbekanntem Gelände.

Natürlich ist es ausreichend, dass das Erlernen der Übungen auf dem Gelände der Hundeschule stattfindet. Aber das Konditionieren, also das regelmäßige Wiederholen der Übungen, sollte unbedingt an möglichst vielen unterschiedlichen Orten stattfinden. Denn wir wollen ja zukünftig nicht nur in unserem eigenen Garten mit unserem Akita spazieren gehen, sondern ihn ja auch überallhin mitnehmen.

Als ich in Köln meine Ausbildung zum VDH Ausbilder absolvierte, haben wir genau das gemacht. Wir gingen in die Stadt, an eine belebte Straße. Wir legten unsere Hunde dort ab und ließen verschiedene Leute an ihnen vorbei gehen. Wir bestiegen Bus und Straßenbahn. Wir gingen zum Bahnhof und ließen unsere Hunde über offene Treppen, Gitter und sonstigen ungewohnten Boden gehen.

All diese unterschiedlichen Plätze sind nicht nur dafür gut, dass der Hund viele verschiedene Situationen kennen lernt und unter Ablenkung seine Übungen absolviert, sondern dienen auch einem weiteren Zweck, den ich mit nachfolgendem Beispiel erläutern möchte.

Ein früherer Ausbilder von mir hatte einmal einen Hund zur Ausbildung, der die Kommandos seines Herrchens völlig ignorierte. Er war ihm übergeben worden, weil der Besitzer überhaupt nicht mit ihm zu Recht gekommen war und der Hund, als er etwas erzwingen wollte, ihn sogar gebissen hatte.

Dieser Hund zeigte sich wohl auch dem Ausbilder gegenüber sehr selbstsicher, also beschloss er die Selbstsicherheit des Hundes zu testen. Er ging mit dem Hund in die Stadt, durch Kaufhäuser, in Fahrstühle, zum Bahnhof und zu weiteren lauten und sehr belebten Orten.

Der Hund, der zunächst noch sehr mutig erschien, wurde im Laufe dieses Spaziergangs immer beeindruckter und orientierte sich mehr und mehr an dem Ausbilder, dem diese teilweise unheimlichen Orte nichts auszumachen schienen.

Während dieses Rundgangs schien der Hund beschlossen zu haben, dass der Ausbilder ihm wohl überlegen war, da er all diese Plätze offensichtlich unbeeindruckt passierte. Er schien erleichtert, dass er den Ausbilder an seiner Seite hatte.

Sicherlich war dies nur der Anfang einer umfangreichen Umerziehung, aber zumindest hatte sich der Ausbilder ohne Gewaltanwendung erst einmal den Respekt des Hundes verdient, was für die weitere Ausbildung unbedingt erforderlich war.

Natürlich muss man bei derartigen Stadtrundgängen mit solchen Hunden entweder mit Maulkörben arbeiten oder sicher stellen, dass man genug Abstand zu anderen Menschen und Tieren hat.

Hundewiese

In vielen Gegenden gibt es ausgewiesene Hundewiesen oder Orte, wo sich Hundebesitzer regelmäßig treffen. Eine Welpenkäuferin berichtete mir, dass sie sich über Jahre mit ihrem Akita Rüden im Englischen Garten in München mit anderen Hunden und ihren Besitzern traf und mit ihnen

eine große Runde drehte.

Diese Hundewiesen sind auch sehr gut geeignet, den Hund mit anderen Hunden zu sozialisieren. Man sollte jedoch auch einige Dinge beachten.

Zunächst sollte die Gruppe, mit der man sich trifft genauso harmonisch sein wie eine Gruppe in der Hundeschule. Sie sollte in Bezug auf Rassen, Geschlecht und Charaktere gemischt sein und nicht aus mehreren besonders dominanten Hunden bestehen, die die anderen terrorisieren, so dass der Spaziergang, der allen Spaß machen sollte, für einige Hunde nur in Stress ausartet.

Dann könnten unterschiedliche Strecken gewählt werden, damit die Hunde auch mit dem Weg und nicht nur miteinander beschäftigt sind.

Außerdem sollte man sich mit den anderen Hundebesitzern einig sein, wann und in welchen Fällen man bei Auseinandersetzungen eingreift. Jeder Hund spielt anders. Der Akita brummt beim Spiel häufig laut und ist manchmal auch recht grob. Das sollten Sie den anderen Hundebesitzern mitteilen, damit diese nicht vielleicht denken, dass ihr Hund vom Akita angegriffen wird, obwohl dieser in Wirklichkeit nur spielen möchte.

Eines sollte man jedoch wissen oder bedenken, wenn man Hundewiesen oder auch Hundeschulen besucht. So gut sie für die Sozialisierung und Erziehung des Hundes geeignet sind, so gefährlich sind sie auch in Bezug auf Übertragung von Krankheiten.

Ein Welpe, der noch nicht seine vollständigen Impfungen hat, gehört weder in die Hundeschule noch auf eine Hundewiese, wo er sich möglicherweise Krankheiten holen kann, gegen die er noch keinen vollständigen Impfschutz aufgebaut hat.

Auch kranke Hunde sollten diese Orte meiden, denn sie können einerseits selbst Krankheiten übertragen und andererseits sind sie mit einem geschwächten Immunsystem natürlich leichter anfällig für alle dort vorhandenen Viren oder Bakterien.

Hundesport

Da ich daran glaube, dass ein Akita, der in Körper, Seele und Geist gesund ist, in der Regel auch ein sehr gutes Immunsystem besitzt, gibt es verschiedene Sportarten, die ich oder andere Akita-Besitzer mit ihrem Hund betreiben, um im Sport nicht nur den Geist zu fordern, sondern auch gleichzeitig Körper und Seele zu stärken.

Die meisten Hunde haben bereits als Welpe bestimmte Leidenschaften. Manche haben viel Spaß an Holspielen. Sie werfen ihnen einen Ball, ein Frisbee, ein Stöckchen und sie laufen los und bringen es zurück. Dieses Spiel kann man immer weiter verfeinern und auch Denkspiele daraus machen.

Unser Rüde Tendoh konnte bis zu 10 Gegenstände unterscheiden und sie auf Verlangen bringen. Durch ein großes Lob und/oder ein Leckerli haben wir nicht nur seinen Geist und Körper trainiert, weil er nachdenken und laufen musste, um die Gegenstände zu holen, sondern zugleich die Seele massiert, weil er Aufmerksamkeit und Anerkennung erhielt.

Leider gibt es nicht so viele Akitas, die Spaß an solchen Holspielen haben, daher kann es sein, dass solch eine Aufgabe für den eigenen Hund völlig ungeeignet ist.

Anders ist es mit Suchspielen. Fast alle meine Hunde lieben Suchspiele. Sie zeigen Ihrem Hund einen Gegenstand, verstecken ihn während der Hund nicht zusieht und lassen ihn dann suchen.

Dieses Spiel kann man schon mit Welpen spielen und auch immer weiter verfeinern. Man kann es im Haus oder draußen spielen, man braucht nicht viel Zubehör und kann viel oder wenig Zeit dafür verwenden.

Man kann dem Hund beibringen, bei dem Gegenstand zu bleiben und Laut zu geben, den Gegenstand zu bringen oder ihn einfach nur aufzuessen, was für den Anfang das Leichteste ist.

Hunde, die an dieser Arbeit Spaß und auch eine gute Nase haben, eignen sich vielleicht sogar für eine Ausbildung. Bereits zwei meiner Nachzuchten wurden als Rettungshunde ausgebildet und arbeiten erfolgreich in diesem Bereich.

Weitere Nachzuchten von mir werden in der Menschensuche ausgebildet und haben sich bereits von Anfang an – ihre Ausbildung begann mit etwa 7 Monaten – erstaunlich talentiert gezeigt.

Eine Ausbildung, die für den Akita nicht geeignet ist, ist die Schutzhundausbildung. Es hat sich immer wieder gezeigt, dass Akita, die auf den Ärmel trainiert wurden, letztendlich nicht den Ärmel als zu ergreifendes Ziel sehen, sondern den Menschen, der ihn damit ärgert und dass diese Menschen zu einem Feindbild für sie werden können. Da es eine Vielzahl von anderen Sportarten gibt, sollte man diese Ausbildung beim Akita eher vermeiden.

Dabei gibt es ja auch andere Sportarten, wie Agility, Frisbee, die Ausbildung für die Jagd und sonstige Aktivitäten. Wichtig ist dabei, herauszufinden, ob der Hund Spaß daran hat und dafür geeignet ist, und ob man selbst die dafür nötige Zeit aufbringen kann. Ansonsten ist es eine Quälerei und von Anfang an zum Scheitern verurteilt.

8 Resümee nach 40 Jahren Akita-Erfahrung

Je länger ich an diesem Buch schrieb, desto mehr Dinge fielen mir ein, die ich dem Akita-Neubesitzer gerne erzählen und mit auf den Weg geben wollte. Das Buch umfasst sicherlich nicht alle Themen und beantwortet nicht alle Fragen, die ich zum Akita stellen kann und möchte, aber zumindest einen großen Teil.

Je länger Sie mit einem Akita zusammenleben, desto mehr Fragen können Sie sich auch selbst beantworten und vielleicht auch etwas anders, als ich das hier getan habe.

Eine der wichtigsten Aussagen über den Akita ist: Er ist ein besonderer Hund, aber letztendlich ein Hund. Es gibt nur wenig, was ein anderer Hund lernen kann und der Akita nicht.

Selbst wenn er seinen eigenen Kopf hat, ist er dennoch erziehbar. Auch wenn er schnell von manchen Dingen gelangweilt ist, können Sie ihn mit anderen Dingen länger beschäftigen.

Auch wenn er kein Schlittenhund ist, kann er zum Langstreckenläufer erzogen werden und lange Strecken am Fahrrad laufen oder mit zu Bergwanderungen oder Joggen genommen werden.

Obwohl er als ruhiger Hund bezeichnet wird, kann er mit seinen Spielgefährten wild und ausgelassen toben.

Trotz seiner häufig etwas distanzierten Art Fremden gegenüber, liebt er seine Familie über alles und würde sich von ihnen fast alles gefallen lassen.

Selbst wenn er ein nordischer Hund ist, der im Winter teilweise sogar draußen schlafen würde, lieben es manche Akita, direkt vor dem heißen Kamin zu liegen.

Obwohl er zweimal im Jahr sein Fell komplett verliert, ist er dennoch ein pflegeleichter Hund, da er die restliche Zeit kaum Haare verliert und nicht täglich gebürstet werden muss.

Er ist zwar ein großer Hund, aber wegen seiner ruhigen Art kann er auch in einer Wohnung ohne Garten gehalten werden, vorausgesetzt der Besitzer bietet ihm genug Bewegung und Auslauf, mindestens zwei Stunden am Tag, in Form von Spaziergängen und anderen Aktivitäten.

Auch wenn der Akita – besonders die Rüden – in der Pubertät anfängt, andere Hunde zu dominieren, ist es dennoch möglich, ihn durch viele Sozialkontakte von Anfang an in einer Gruppe frei laufen zu lassen, ohne dass er sich mit anderen Hunden anlegt.

Der Akita ist jedoch kein Hund für Jedermann und sollte auch nur in solche Haushalte kommen, wo man auf einen Hund mit einem eigenen Kopf, der in manchen Fällen eine gewisse Distanz gegenüber Fremden oder anderen Hunden hat, eingestellt ist und damit umgehen kann.

Für mich ist der Akita in 40 Jahren immer ein besonderer und faszinierender Hund gewesen und geblieben, wobei jeder meiner Hunde mir immer treu und ergeben war. Sicher musste ich mit dem einen oder anderen meiner Akitas manche Machtkämpfe ausstehen, aber letztendlich waren wir immer ein gutes Team. Für mich gilt: einmal Akita, immer Akita.

Danksagungen

Hier möchte ich zu allererst meiner Familie danken: meiner Mutter, die uns/mich auf den Akita gebracht hat und meine Hundeliebe unterstützt und zuletzt noch mein Buch Korrektur gelesen hat, meinem Vater für seine Toleranz und Geduld, obwohl er selbst nie Interesse an Hunden hatte, meiner Schwester Cornelia für unsere intensiven Austausch in allen Hundefragen und beim letzten Schliff für mein Buch, meiner Schwester Sylvia, deren gemeinsam ausgesuchten amerikanischen Akitas, Akuma und Dori, eine interessante Ergänzung zu meinen Japanern waren bzw. sind. Dadurch gab es immer viel Gesprächsstoff über die Ähnlichkeiten und Unterschiede der beiden Rassen und Sabina und Enno, die mit ihren Familien unsere Hunde immer wie selbstverständlich auf Spaziergänge mitgenommen haben, also ob sie auch mit zu ihrer Familie gehörten.

Ganz besonders möchte ich meiner Freundin Beate Pürner danken, die als erstes mein Buch zu lesen bekam und mir nicht nur wertvolle Tipps dazu gab, sondern das Buch zur Druckreife brachte und mit großem Perfektionismus alle Grafiken eingebaut hat.

Meinem Freund Walter Schipper möchte ich danken, für die vielen Stunden, die wir über Akitas und Japan gefachsimpelt haben und den Japanisch-Unterricht, den er mir gegeben hat, und seinem Freund Paul, der seit Walters Unfall den Akita Rüden Tendoh betreut und somit ermöglicht hat, dass Tendoh in unserem Kreis einen guten Platz behalten konnte.

Ich möchte dem Akita Club, besonders Lutz Lammers und Angelika Kammerscheid-Lammers und allen früheren und jetzigen Mitgliedern danken für wertvolle Ideen, Tipps und Gespräche.

In diesem Zusammenhang möchte ich allen Züchtern im In- und Ausland danken, besonders Richard Hellman und Nikos Vazakas, die mir nicht nur mit vielen Ratschlägen zur Seite standen, sondern mir auch mit sehr guten Hunden die Basis für meine Zucht gegeben haben.

Allen meinen Welpenkäufern möchte ich danken für die Liebe und die Arbeit, die sie in meine Welpen gesteckt haben und noch stecken. Das ist für mich ein ganz besonderes Geschenk, zu wissen, dass meine Hundekinder in guten Händen sind.

Auch allen Akita-in-Not Besitzern möchte ich danken, dass sie einem Akita eine zweite oder sogar dritte Chance gegeben haben. Dass sie die Mühe auf sich nehmen, einem Hund, der teilweise durch falsche Erziehung nicht mehr beim bisherigen Besitzer bleiben konnte, ein neues Zuhause zu bieten.

Zum Schluss möchte ich meinem Lebensgefährten Armin und meinen Töchtern Tamara und Patricia danken, dass sie meine Leidenschaft für den Akita dulden und auch häufig teilen. Sie haben viele Stunden ihrer Freizeit für und mit unseren Akitas verbracht und meine Zeit mit ihnen geteilt. Sie haben sich fürsorglich um die Welpen gekümmert, wenn ich nicht da war und einen wesentlichen Beitrag dazu geleistet, dass unsere Welpen gut sozialisiert wurden.

Mein letzter Dank gilt meinen eigenen Akitas, dass sie mir mit ihrem immer fröhlichen und treuen Verhalten 40 Jahre meines Lebens verschönert haben und es hoffentlich auch noch viele Jahre tun werden.

Buchempfehlungen

- Akita – ein faszinierender Japaner, Angelika Kammerscheid-Lammers, Akita – Japan Kennel Club Inc., 2 Bücher – 1 Ausgabe, 168 Seiten, Verlag Lutz Lammers, ISBN 3-931750-00-1, www.akitabuch.de
- Japanisches Lächeln auf vier Beinen, Hundegeschichten über die nordische Rasse Akita, 184 Seiten, MariPosa Verlag, Berlin, ISBN 3-927708-33-X, www.akita-buch.de

Zur Autorin

Gabriela Sophie Richard ist Englischlehrerin und Mutter von zwei Töchtern. Sie wuchs mit zwei Akitas auf und lebt heute mit ihrer Familie und sechs Akitas in Kamen.

Als Züchterin, Gründerin und Leiterin der Rettungsstation „Akita in Not", VDH-Hundeausbilderin, Richterin für den Akita und viele andere Rassen sowie als Hauptzuchtwartin des Akita Club e.V. hat sich ihr Leben seit mehr als 40 Jahren immer mehr um die Rasse Akita gedreht.

Mit mehr als 140 gezüchteten Welpen in 24 Würfen (Stand 2009) konnte sie einen umfangreichen Erfahrungsschatz zu dieser Rasse sammeln. Durch über 100 vermittelte Akita in Not sowie zahlreiche selbst aufgezogenen Hunde erwarb sie ein umfangreiches Wissen über die Erziehung dieser Rasse.

Bildnachweis

Apel, Gerhard 64, Rückseite
Drewka, Tatjana 41, 80, 109
Fahrenkrug, Karlheinz 117
Fischer, Monika 94
Galloway, Alan 15
Gößwein, Barbara 91, 94
Hoffmann, Rüdiger 24
Kausch, Hannelore 107, 108
Kililea, Dave Titelseite
Klinkhammer, Bernd u. Ute 14, 61, 62, 65, 77, 83, 101
Landergott, Frank 70, 73, 75, 95
Matiakowska, Paulina 20
Melk, Tamara and Ron 74, 89
Mewes, Heike 53
Oriente, Allevamento Antico 43
Oster, Roger 22, 32, 71, 82, 88, 90, 92, 103
Raspel, Oliver 23 (2)
Richard, Gabriela Titelseite, 13, 15, 16, 19, 21, 22, 26, 27, 28, 31, 34, 35 (2), 36, 37, 39, 41, 43 (2), 45 (2), 46, 48, 50, 52, 54, 55, 56, 57, 58, 59, 60 (2), 61, 62, 63 (2), 64, 65, 66 (2), 67, 68, 72, 79, 84, 85, 93, 96, 97 (2), 98 (2), 100, 117, Rückseite
Roth, Harry 17, 18
Schwarz, Barbara 87, 92
Seifert, Petra 105
Starke, Jannine 21
Tjotta, John Aareskjold 16, 99
von Mentlen, Daniela u. Roger 11, 69

Stichwortverzeichnis

Symbole

3. und 4. Woche 60
5. und 6. Woche 62
7. und 8. Woche 65

A

Alleinsein 73
Allergie 25, 31
Alltag 89
älterer Akita 84
Altersstar 84
American Kennel Club 16
Arbeitsplatz, am 100
Aufzucht 57, 59
Augen, tränende 37
Ausbildung 101
Ausstellung 99
Ausstellungsring 99
Autofahren 98
Autoimmunerkrankung 33

B

baden 36
barfen 25, 26
bedrängen 78, 93
beißende Hunde trennen 95
Beißereien 95
Besuch 86
Box 98

D

Deckakt 45
Deckpartner 41
 kennenlernen 44
Deckzeitpunkt 47
Denkmal
 nationales 24
Dewa-Linie 14

E

Ellbogendysplasie (ED) 31
Entropium 40
Ernährung 25
Erscheinungsbild 16
erwachsener Akita 82
Erziehung 69

F

Familie, in der 85
Farbe 15
Farbvererbung 42
FCI 15
Fellpflege 35
Fellwechsel 34
Fertigfutter 25
Fettfüttern 65
fixieren, anderen Hund 83
Freilauf 94
Fressneurose 29
Fressunlust 28
Fruchtblase 53
Futter 25, 27, 84
Futterneid 88
Futterplatz 88
Futterschnalzer 61, 62, 102

Fütterung
  während Trächtigkeit 49
Futterverweigerung 29

G

Geburt 52
  vor der Geburt 51
Geschäft, im 98
Geschirr 72
Gesundheit 30
Gruppe 2 (FCI) 15
Gruppe 5 (FCI) 15

H

Hachiko 23
Halsband 72
Haustiere, andere 91
Haustierregister Tasso 67
Hecheln 52
Herkunft 13
Heuschnupfen 38
Holspiele 109
Hüftgelenksdysplasie (HD) 31
Hundebegegnung 19, 83
Hundebox 98
Hundeschule 104
Hundesport 109
Hundewiese 76, 107
Hündin oder Rüde? 20

I

Ichinoseki-Linie 14
Impfung 74

J

Jagdleidenschaft 18
Jagdtrieb 92
Junghund 77
  barfen 26

K

Kämpfchen 103
Katarakt 31
Katze 92
Kinder 93
Kirmesbesuch 97
Kongo-Linie 14
Körperpflege 34, 35, 37
Körpersprache 19
Krallen 36
Kuscheltuch 67

L

Langhaar 36
Langhaar-Akita 17
Läufigkeit 20
Leine 72, 94, 101
Leinenpflicht 94
Linie
  Dewa-Linie 14
  Ichinoseki-Linie 14
  Kongo-Linie 14

M

Magendrehung 25
markieren, Revier 20
Menschensuche 110
Milch 58
Mimik 19

N

Nachgeburt 53
nationales Denkmal 24
Neugeborenenphase 57

P

Partner 89
Patellaluxation 31
Pflege 34
Pfote durchtreten 36
pinkeln vor Freude 71

Polarexpedition 23
PRA 31, 32
Presswehen 52
Progesteron-Test 47
Pubertät 81

R

Rangordnung 77, 90
Rappel 22
Rassetrennung 15
Reise 98
Ressourcen verteidigen 77, 79
Restaurant 96
Revier markieren 20
Rückruftraining 80
Rudel 90
Rüde oder Hündin? 20

S

Schäferhund 14
Scheidenabstrich 47
Schilddrüsenerkrankung 31
Schlafplatz 70, 88
Schleppleine 81, 94
Schnalzer 61, 62, 102
Sebadenitis (SA) 31
selbstkochen *Siehe* barfen
sesam 15
silberbrindel 43
Soja 25
Sommer-Akita 21
Sozialisierung 74
Spaziergang 71, 94
Sport treiben 81
Stadt 97
Streichelappeal 75
Stubenreinheit 71
Suchspiele 110

T

Tasso (Haustierregister) 67
Tierarztbesuch 65
Tosa Inu 14
Trächtigkeit 48
  Bewegung 50
  Fütterung 49
tränende Augen 37
Tränenkanal, verstopfter 38
trennen beißender Hunde 95

U

Ultraschalluntersuchung 49
Untersuchungen 49

V

Verhaltensbesonderheiten 20
verstopfter Tränenkanal 38
Verteidigung von Ressourcen 79
vertragen 83
Vogt-Koyanagi-Harada-Syndrom (VKH) 31

W

wehenförderndes Mittel 54
Welpe 69
  Abgabe 67
  barfen 26
Welpenschutz 76
Welpenspielgruppe 102
Wesen 18
Winter-Akita 21
Wurmkur 61

Z

Zahn, doppelter 37
Zahnstein 36
Zucht 39
Zuchtvoraussetzungen 40
Zuhause 85
Zweithund 89, 90